输水管道的泄漏检测与定位

江 竹 李正贵 著

机械工业出版社

输水管道是一个城市的生命线，其泄漏问题会严重浪费水资源、造成经济损失并危害居民生命健康，因此及时有效地检测并定位泄漏源对城市的可持续发展具有重要意义。本书阐述了输水管道泄漏检测与定位的基本理论和方法，详细介绍了基于负压波信号和声发射信号的降噪方法、泄漏故障特征挖掘方法、泄漏检测方法以及泄漏点定位方法。本书以变分模态分解等基本信号处理方法为基础，利用人工智能研究了负压波信号和声发射信号降噪；利用特征提取技术，展开了泄漏点识别与定位技术的研究，其中包括负压波信号压降特征提取、声发射信号异常点识别等；利用仿真泄漏信号、实验室模拟泄漏试验平台采集的泄漏信号以及真实输水管道模拟泄漏信号，验证了各种方法的有效性；利用深度学习构造迁移模型，解决了实际运行输水管道泄漏特征数据较少的问题。

本书可供从事管道检测和运维的工程技术人员阅读使用，也可供相关专业的在校师生及科研人员参考。

图书在版编目（CIP）数据

输水管道的泄漏检测与定位 / 江竹，李正贵著.
北京：机械工业出版社，2025. 5. -- ISBN 978-7-111-77944-5

Ⅰ.TV672

中国国家版本馆 CIP 数据核字第 2025AP0120 号

机械工业出版社（北京市百万庄大街 22 号　邮政编码 100037）
策划编辑：陈保华　　　　　　责任编辑：陈保华　卜旭东
责任校对：樊钟英　张　薇　　封面设计：马精明
责任印制：刘　媛
北京富资园科技发展有限公司印刷
2025 年 5 月第 1 版第 1 次印刷
169mm×239mm · 10.5 印张 · 191 千字
标准书号：ISBN 978-7-111-77944-5
定价：79.00 元

电话服务　　　　　　　　　网络服务
客服电话：010-88361066　　机　工　官　网：www.cmpbook.com
　　　　　010-88379833　　机　工　官　博：weibo.com/cmp1952
　　　　　010-68326294　　金　书　网：www.golden-book.com
封底无防伪标均为盗版　　　机工教育服务网：www.cmpedu.com

前 言

在城市输水管道运行期间，锈蚀、老化和外部干扰等因素都可能造成管道泄漏。输水管网的泄漏增加了供水成本，影响供水企业的经济效益，加剧了我国水资源短缺的局面。管道泄漏还会引发次生灾害，例如：管道长期泄漏，会冲刷道路和建筑物基础，引发道路塌陷和建筑物垮塌；管网因泄漏造成水压下降，导致泄漏点周围的污物和细菌有可能通过泄漏点进入管道造成污染。随着我国社会经济持续快速的发展，水资源供需矛盾必将持续加剧。在现有水资源的状态下，提高水的利用效率，把漏失水量降低到经济合理的水平，已成为目前我国供水行业急需解决的重点问题。因此，有必要对输水管道的泄漏检测与定位方法进行研究。在输水管道发生泄漏后，利用泄漏信号及时对泄漏点进行定位，并对泄漏管道进行修补和更换，这对减小因泄漏造成的水资源浪费和经济损失具有重要意义。为了掌握管道泄漏所引发的信号特征，本书阐述了输水管道泄漏检测与定位的基本理论和方法，详细介绍了基于负压波信号和声发射信号两种不同类型信号的降噪方法、泄漏故障特征挖掘方法、泄漏检测方法以及泄漏点定位方法。通过仿真试验、试验室泄漏模拟试验和真实输水管道泄漏模拟试验验证了各种方法的有效性。最后，为了克服真实输水管道泄漏数据量少而导致故障特征提取不准确的问题，本书介绍了一种基于深度学习的迁移学习模型，大大提高了真实输水管道泄漏检测与定位的精确性。这些内容既能定性也能定量地描述输水管道泄漏引发负压波和声发射振动波动态演化过程的动力学机理，为泄漏信号分析与处理提供理论支撑，对发展泄漏信号处理与分析新方法具有重要的指导作用，而且建立了更符合工程实际也易于工程人员理解与应用的新方法，有利于推动我国输水管道故障诊断与漏损治理技术的发展，具有较高的工程应用价值。

本书基于作者多年研究成果撰写而成，很多成果已经在国内外重要期刊公开发表。本书共分5章，其中，第1章由西华大学/青海理工学院李正贵撰写，第2章~第5章由西华大学江竹撰写。全书由江竹进行章节设计、统稿、内容审查和修改完善。

本书得到了西华大学能源动力优势学科建设、四川省科技计划（24NS-FSC1460），以及西华大学能源与动力工程学院、流体及动力机械教育部重点实验室、流体机械及工程四川省重点实验室的大力支持，在此表示感谢！

在本书的撰写过程中，得到了西华大学闫盛楠老师、黄宗柳老师、史广泰老师等的大力支持，谨在此致以衷心的感谢；同时还要感谢本课题组所有研究生为本书撰写工作所提供的帮助。在本书撰写过程中，参考了大量的国内外相关文献，在此对这些文献的作者一并表示感谢！

限于作者的能力和水平，加之时间仓促，书中难免有不当之处，敬请读者批评指正。

作　者

目 录

前言

第1章 绪论 ·· 1
1.1 输水管道泄漏检测与定位技术发展现状 ····································· 1
1.2 负压波技术 ·· 7
1.3 声发射技术 ·· 9
   1.3.1 声信号的传播特性 ··· 9
   1.3.2 声信号的幅频特性 ··· 10
   1.3.3 声信号的衰减特性 ··· 11
1.4 输水管道泄漏定位技术 ·· 11
1.5 本章小结 ·· 14

第2章 负压波信号降噪 ·· 15
2.1 VMD信号分解原理及参数设置 ·· 16
   2.1.1 VMD原理 ··· 16
   2.1.2 参数设置的影响 ·· 18
2.2 基于信息熵的VMD参数优化与信号降噪 ································· 22
   2.2.1 信息熵 ·· 22
   2.2.2 VMD参数优化 ·· 23
   2.2.3 基于皮尔逊相关系数的有效IMF筛选 ································· 24
   2.2.4 仿真试验 ·· 28
2.3 基于遗传算法和模糊熵的VMD参数优化与信号降噪 ················· 30
   2.3.1 压力信号重构及信号噪声估计 ·· 30
   2.3.2 基于遗传算法和模糊熵的VMD参数优化与信号降噪 ·········· 33
   2.3.3 仿真分析 ·· 39
2.4 基于北方苍鹰算法的VMD参数优化与信号降噪 ······················· 43

2.4.1　基于北方苍鹰算法的变分模态分解 …………………………………… 43
  2.4.2　基于北方苍鹰算法的优化变分模态分解 ……………………………… 45
  2.4.3　评价指标 ………………………………………………………………… 47
  2.4.4　仿真验证 ………………………………………………………………… 48
 2.5　本章小结 ……………………………………………………………………… 51

第3章　声发射信号降噪 ………………………………………………………… 52
 3.1　噪声的构成 …………………………………………………………………… 52
 3.2　VMD-互相关系数算法 ……………………………………………………… 53
 3.3　VMD-希尔伯特变换算法 …………………………………………………… 54
  3.3.1　希尔伯特变换原理 ……………………………………………………… 54
  3.3.2　VMD-希尔伯特变换算法流程 ………………………………………… 57
 3.4　仿真试验 ……………………………………………………………………… 59
  3.4.1　互相关算法 ……………………………………………………………… 60
  3.4.2　VMD-互相关系数算法 ………………………………………………… 61
  3.4.3　VMD-希尔伯特变换算法 ……………………………………………… 64
 3.5　本章小结 ……………………………………………………………………… 67

第4章　输水管道泄漏识别和泄漏点定位方法 ………………………………… 68
 4.1　基于负压波信号的输水管道泄漏识别与泄漏点定位 ……………………… 68
  4.1.1　试验设备 ………………………………………………………………… 68
  4.1.2　整体试验系统 …………………………………………………………… 69
  4.1.3　泄漏定位试验设计 ……………………………………………………… 71
 4.2　基于负压波信号管道泄漏识别与泄漏点定位方法 ………………………… 72
  4.2.1　基于VMD的泄漏定位 ………………………………………………… 72
  4.2.2　基于改进变分模态分解的泄漏定位 …………………………………… 82
  4.2.3　基于负压波信号高频成分的泄漏定位 ………………………………… 89
 4.3　基于声发射信号管道泄漏识别与泄漏点定位 ……………………………… 116
  4.3.1　输水管道泄漏定位试验系统 …………………………………………… 116
  4.3.2　泄漏模拟试验 …………………………………………………………… 121
 4.4　本章小结 ……………………………………………………………………… 130

第 5 章　原水管道泄漏识别和泄漏点定位 ………………………………… 131
5.1 原水管道泄漏检测方法 …………………………………………………… 131
5.1.1 负压波数据集 ……………………………………………………… 133
5.1.2 基于变窗法的 Transformer ……………………………………… 139
5.1.3 基于参数的 Transformer-TL ……………………………………… 141
5.2 泄漏定位方法 ……………………………………………………………… 143
5.2.1 负压波拐点初定位 ………………………………………………… 143
5.2.2 负压波拐点定位 …………………………………………………… 145
5.3 试验与结果分析 …………………………………………………………… 146
5.3.1 泄漏检测结果与分析 ……………………………………………… 146
5.3.2 泄漏定位结果与分析 ……………………………………………… 151
5.4 本章小结 …………………………………………………………………… 153

参考文献 …………………………………………………………………………… 154

第1章 绪 论

1.1 输水管道泄漏检测与定位技术发展现状

水是生命的源泉,是人类赖以生存和发展的重要物质资源之一。2022年《中国水资源公报》显示,2022年全国用水总量达5998.2亿m^3,其中工业用水占16.2%,生活用水占15.1%。从水资源总量分析,我国水资源总量较为丰富,属于丰水国;但我国人口基数和土地面积基数大,人均和亩均占有水资源量却较小,按照人均占有水资源量比较,我国属世界范围内人均占有水资源较为贫乏的国家之一。目前我国大约有三分之二的城市存在不同程度的缺水困扰,且城市生活用水与企业生产用水呈现逐年递增的趋势。城市给水主要包括取水工程、输水管工程、水处理工程、调节及增压工程、配水管网工程。输水管道作为城市给水工程的"大动脉",发挥着至关重要的作用。

受到人口增长和城市化建设的影响,我国城市用水总量不断增加,城市输水管道总长度也连年增长。中华人民共和国住房和城乡建设部《2022年城乡建设统计年鉴》显示,我国城市输水管道总长度在2022年达到了110万km,并仍然以4万~5万km/年的速度增长。2010—2022年我国城市输水管道总长度变化情况如图1-1所示。相比1978年3.6万km的输水管道,2022年管道长度增长30余倍。输水管道长度的增长在很大程度上缓解了城市供水不足问题,而在另一方面,由于老化、运行压力超标、施工不合格、地面沉降等原因,输水管道会出现泄漏等问题,造成水资源的浪费。

2022年,我国城市公共供水总量为6354506万m^3,漏损水量为819053万m^3,占供水总量的12.89%,有些省份漏损率甚至超过了23%,远超出了CJJ 92—2016《城镇供水管网漏损控制及评定标准》所规定的漏损率二级标准12%,更多的漏损情况如图1-2所示。我国城市公共供水漏损率自2014年来一直维持在12%以上,这造成了极大的资源浪费,也使我国水资源短缺的困境雪上加霜。更严重的是,输水管道泄漏还可能会带来水淹、地面及建筑物塌陷、水源污染等次生灾害,给人民生活和社会安定造成很大影响。

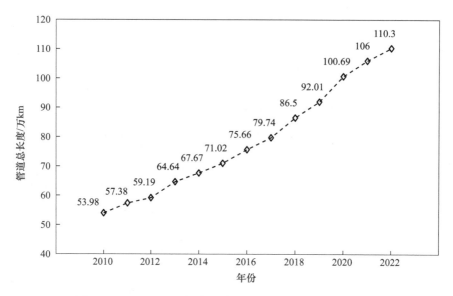

图 1-1　2010—2022 年我国城市输水管道总长度变化情况

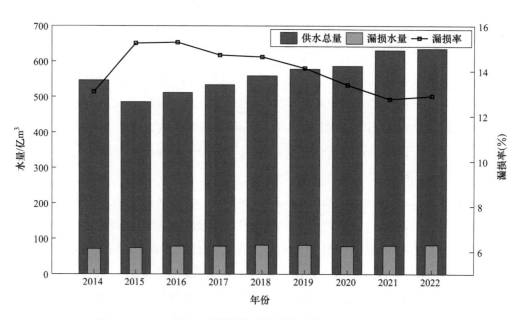

图 1-2　2014—2022 年我国城市公共供水管网供水和漏损情况

城市输水管道系统不断扩建和发展的同时也在不断老化,从多方面考虑,必须面对其漏损的问题。2023年,国家发展改革委、住房和城乡建设部等七部门下发《关于进一步加强水资源节约集约利用的意见》,提出开展公共供水管网漏损治理,到2025年城市公共供水管网漏损率要控制在9%以内。因此,为降低漏损率,有必要建立一套能及时识别泄漏并定位泄漏源的方法,并通过修补及其他措施减少泄漏带来的损失和危害。

泄漏和爆管问题对城市输水管道系统的可持续和安全运行带来了挑战。自21世纪起到现在,输水管道漏损问题受到越来越多国家的重视,西方国家在20世纪已开始管道泄漏相关的研究工作并成立了专门机构。早期,我国对管道泄漏检测的研究主要针对输油管道,城市输水管道泄漏的研究相对较少。随着科学技术的发展,传感器技术及数字信号处理技术取得了长足的进步,加上城市化进程加快的因素,近年来越来越多的学者、机构和高校开展了输水管道泄漏检测相关的研究工作,涌现出了多样的泄漏检测方法、系统和设备。目前管道泄漏识别大致可分基于硬件的方法和基于软件的方法两大类,如图1-3所示。

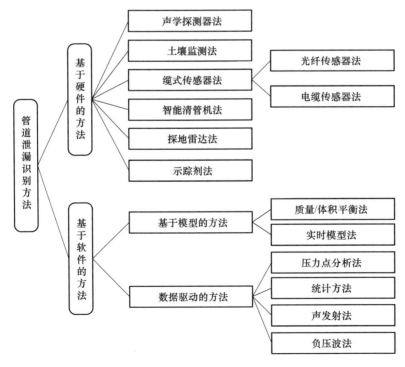

图 1-3 管道泄漏识别方法分类

1. 基于硬件的方法

基于硬件的管道泄漏识别方法也称为外部方法，这些方法主要基于传感器的测量值。基于硬件的方法提供了高度精确的泄漏定位，并且适用于检测小泄漏。然而，与基于软件的方法（内部方法）相比，它们通常需要更高的前期投入和维护成本，因为基于硬件的方法需要更多的仪器、设备和更多的工时来实施和维护。如图 1-3 所示，基于硬件的方法主要分为以下几种：

（1）声学探测器法　管道泄漏产生的振动信号可以被不同的声学仪器检测到。标准的声学泄漏检测仪器分为声学听音装置、加速度计（安装在管道表面）、泄漏噪声消除器和水听器系统（插入管道内部），如水中听音器或地震检波器。这些声学装置在管道材料为金属的情况下具有较好性能，但是在管道材料为塑料或管道直径过大时，必须减小装置之间的间距以检测泄漏信号，这导致装置数量的增加，前期投入成本很大。声学探测器检测深层地下管道或天然气管道的泄漏时几乎不可用。

（2）土壤监测法　土壤监测法通过检测管道和土壤之间的电位或土壤中介质的浓度和扩散规律来实现泄漏检测。此方法检测准确，缺点是不可连续检测，需要铺设大量传感器或经过大量采样来实现，前期成本高且过于耗费工时。

（3）缆式传感器法　缆式传感器分为光纤传感器和电缆传感器。近年光纤传感技术快速发展，国内外学者研制出多种缆式传感器，被广泛地应用于泄漏检测之中。该方法具有传输距离远、抗干扰能力强、稳定性高等优点。Jia 等人提出了基于光纤光栅应变箍的负压波测量方法，并应用于管道泄漏相关研究。但缆式传感技术在检测管道泄漏等故障时需要安装大量的装置，且存在误警率高、解析设备昂贵等缺点。

（4）智能清管机法　智能清管机通常适用于检测管道完整性等各项任务，例如用于管道清洁和锈蚀、裂纹、壁厚，以及管道泄漏的检测。常见的商用智能清管机在使用时需要通过管道上的特定开口植入管道内部，并在其中移动以检测管道是否存在异常。智能清管机可以根据运动机制、传感能力、通信模式及能量管理等进一步细分。智能清管机大多数仍处于研究和开发阶段，目前可用于输水管道的一些智能清管机由 Smartball、Sahara、MRINSPECT、Explorer 及 Pipeguard 等公司生产。该方法前期投入大，成本高，难以用于小管径和弯折多的复杂管道。

（5）探地雷达法　探地雷达设备通过向地下发射电磁波来探测地质内部结构，对接收到反射波信号的特性进行分析和处理，可以了解地下的空间结构分布。管道发生泄漏后，泄漏点附近的土壤会产生局部空腔或土壤浸润现象，引起雷达反射波异常。该方法的优势是在地质条件复杂时具有较好的鲁棒性，但探地雷达在管道泄漏检测领域的应用处于起步阶段。此外，探地雷达及配套设备造价昂贵，且获得的数据资料需要较为专业的人员处理，在应用中普及难度大。

（6）示踪剂法　示踪剂法是在管道内注入容易被特定仪器检测到的示踪物质，示踪物质在管道内随管道输送的介质一起流动，在泄漏点处随介质流出并在周围的环境中滞留；将示踪剂检测器沿管道移动，经过管道破损处时，示踪剂检测器可以检测到示踪剂，据此可以定位管道的泄漏点。在严谨的操作下，这种方法检测微小泄漏的灵敏度高，但操作耗费的时间长且不可连续性检测，在管道输送介质为水的时候，加入化学物质是否影响安全也有待商榷。

2. 基于软件的方法

如图 1-3 所示，基于软件的方法主要分为基于模型的方法和数据驱动的方法两种，具体又细分为以下几种：

（1）质量/体积平衡法　质量/体积平衡法的原理是基于管道内流体的质量恒定关系，在管道上下游分别安装流量计，密封的管道内上下游流量遵循质量守恒定律。理论上，上游和下游流量相同，若下游流量低于上游流量，说明两流量计之间的管道发生泄漏。此方法在城市输水管道系统中实用性不高，若上下游流量计之间存在计划外用水支出，上下游的流量也会存在较大差异，因此仅凭流量差异来判断泄漏的方法存在缺陷。

（2）实时模型法　实时模型法是一种基于模型的软件方法。该方法利用管道输送介质的物理性质，建立管道的实时状态模型，根据管道的边界条件，在线估计管道状态，如检测管内压力或介质流量，并与实测值进行对比来判断泄漏。实际运行的管道是一个非线性的复杂系统，实时模型法存在建模难度大、时间成本大和鲁棒性差等问题。

（3）压力点分析法　压力点分析主要基于各个管道段中的压力传感器信号，一旦管道流体的平均压力降低到预定阈值压力以下就意味发生了泄漏。它是一种快速分析的方法。当管道内部处于不稳定状态或阀门动作时，压力点分析方法具有较高的误警率。

（4）统计方法　统计方法处理来自传感器的压力、流速、温度、声发射和管道中不同位置振动的数据，对管道正常运行的数据进行分析，将正常模式作为标准模式，偏离该模式被视为异常。该方法所需的数据类型和统计分析类型取决于具体应用。为了正确估计泄漏率及其位置，需要收集管道在各种工况下的大量数据。Zhang 开发了一种基于稳态和瞬态流体序贯概率比检验的泄漏检测系统，实际应用时该方法需要两周以上的调试，在各种操作条件下收集管道的流量和压力数据。它能够检测和定位流量大于入口流量 10% 的泄漏。使用 107 天内收集的数据训练，该方法能够检测流量在入口流量 0.5%~0.55% 之间的泄漏。统计方法的缺点是所需数据量较大和分析所需时间较长。

（5）声发射法　声发射（acoustic emission，AE）是一种由材料局部应力能量瞬间释放而引起的瞬态弹性波，以一定频率在材料中进行传播。输水管道泄漏时，流体介质与管内壁摩擦产生携带泄漏相关的信息的应力波并沿管道传播。泄漏点两端传感器采集的声发射信号同源，故对采集的信号数据使用适当方法预处理后，再根据互相关分析来确定泄漏位置。实际上，该方法依赖的是泄漏点振动产生的声信号，因此传感器很容易采集到掩盖泄漏信号的噪声。此外，由于振动随着距离增加而衰减的特性，此方法在长距离管道上的应用受到较大限制。

（6）负压波法　当管道某处发生泄漏，泄漏处局部流体密度减小产生一个瞬时压降和速度差，导致与泄漏区相邻区域流体的密度和压力降低，由于流体具有连续性，压降会以泄漏点为中心向管道上下游扩散，这一过程称为负压波（negative pressure wave，NPW）。利用负压波的上述特性，研究者们提出一种在输水管道泄漏定位中行之有效且广泛应用的方法：到达时差（time difference of arrival，TDOA）估计方法。该方法的基本原理是通过布置在管道上的压力传感器采集负压波信号，利用其中任意两个压力传感器采集到的信号寻找 NPW 信号特征或特征点来估计信号的时延，再结合管道长度和 NPW 波速，对发生泄漏的位置进行定位。由于管道发生泄漏时，管道内流体的流态发生变化，再加上采集设备固有的噪声等因素都会给泄漏点的精确定位带来影响，因此对 NPW 信号进行降噪预处理的研究也得到了国内外学者的广泛关注。负压波法检测距离较远，抗干扰能力强，鲁棒性好，成本低，并且与算法结合后具有较好的定位精度。

在不同的条件下，各种方法各有其优势和局限性，各种管道泄漏识别方法的优缺点见表 1-1。

表 1-1 各种管道泄漏识别方法的优缺点

方法	优点	缺点
声学探测器法	精度高	受环境影响大
土壤监测法	对于长期慢速泄漏较为适用	对于快速泄漏反应较慢
缆式传感器法	沿管道安装,提供连续检测	安装和维护成本高
智能清管机法	准确度高	维护成本高,不适用于复杂管道
探地雷达法	准确度高	受到地质条件的影响,设备昂贵
示踪剂法	定位精度高	不能连续检测,部分示踪剂可能对环境有害
质量/体积平衡法	原理简单,可用于长管道	对小泄漏不敏感且不能定位泄漏点
实时模型法	能提供连续的实时监测	需要准确的系统模型,对于复杂的管道系统计算成本较高
压力点分析法	反应迅速	非稳态状况下误报率高
统计方法	能识别不同的泄漏模式	需要大量的数据,复杂条件难以应用
声发射法	灵敏度高,定位准确	受管内外噪声影响大,不适用于长管道
负压波法	鲁棒性强,成本低,适用于长管道	效果受管内压力信号中噪声的影响

近年来,国内外学者在管道泄漏识别及定位方法的研究领域投入了大量精力,并取得了显著进展。各种泄漏识别和定位方法的涌现,在一定程度上为问题的解决提供了有力支持,同时推动了未来相关研究的发展。在工程领域,随着更多信号处理算法的提出和人工智能技术的发展,一些学者将负压波技术、声发射技术与信号处理方法、特征提取、智能算法以及神经网络等方法结合,提高了泄漏报警的准确率和泄漏定位的精度。因此,本书以负压波及声发射振动波为基础,结合信号处理方法、智能算法和神经网络,开展对输水管道泄漏识别与泄漏点定位研究。

1.2 负压波技术

城市输水管道在稳定运行的过程中,疲劳、温度变化、化学侵蚀、缺乏维护和自然灾害等客观因素会导致其发生泄漏。在泄漏点附近,液体流速骤降产生较大的负压区域,这一区域的液体分子通过相互碰撞和振动将能量传递,形成了负压波的波前区域，表现为压力的急剧下降。而在远离泄漏点的区域，液体分子开始填补流速减小的空间，形成了负压波的波后区域，表现为较小的负压。这一过程不断沿管道两端像波一样扩散，负压波在同一管道内通常具有比较稳定的扩散速度。若在与泄漏点有一定距离的管道引压管处安装压力传感器，便会捕捉到如图1-4所示的信号，该信号为典型的负压波信号。

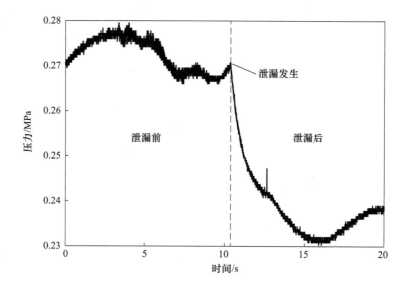

图 1-4　典型的负压波信号

分析图 1-4 可知，在泄漏发生前后，输水管道内压力并非绝对稳定，而是随时间变化存在波动，这表明负压波信号是非稳态信号，并且压力信号本身混合了较大的噪声。区别于图 1-5 所示的输水管道内未泄漏正常压力信号，负压波信号具有其独有的特征，如图 1-4 中第 10s 左右的箭头处，负压波信号在泄漏发生时刻存在压力骤降的点，这种压力骤降点称为负压波拐点。管道内水压的变化通过布置在管道上的压力传感器实时监测管道内部的压力波动，压力信号被传感器采集并上传至上位机处理并识别，以判别管道的运行状态。然而这种特征很容易受到水体流态变化、采集电路和采集设备固有噪声的影响，因此找到合适的方法对压力信号实现有效降噪成为研究重点之一。研究者们围绕此问题展开了大量研究，也取得了很多成果，以神经网络方法为例，已有应用人工神经网络成功区分管道正常压力信号和负压波信号的先例。

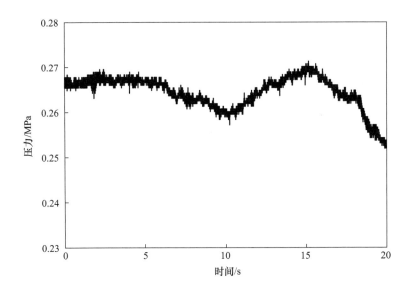

图 1-5　输水管道内未泄漏正常压力信号

1.3　声发射技术

与负压波技术相比,声发射技术作为输水管道泄漏检测的另一种基于软件法的方法,具有灵敏度高、定位准确的特点。当发生泄漏时,由于管道内部水压的作用使得管道内的水流穿过泄漏点流向管道外部形成涡流,进而形成一种向泄漏点两端传播的具有特定传播速度和频率的振动声波。在管壁上铺设加速度传感器,便可实现对这类振动声波的采集与特征提取,最终实现泄漏识别与定位。

1.3.1　声信号的传播特性

大量研究表明,声信号传播速度 v 受管道直径 D、管道材料、管内压力以及泄漏面积(为了方便表征,下文用泄漏口直径 d 表征泄漏面积)等因素的影响。例如:在控制其他影响因素不变时,管道直径 D 越小,声信号传播速度越快,管道直径 D 越大,声信号传播速度越慢;声信号在塑料管道中传播的速度较慢,在金属管道中传播的速度较快;管内压力越小,声信号传播速度越慢,管内压力越大,声信号传播速度越快;当流量恒定时,泄漏口直径 d 越小,声信号传播速度越快,泄漏口直径 d 越大,声信号传播的速度越慢。在众多影响因素中,能够提前控制的因素是管道直径 D 和管道材料。不同管道直径和管道材料的声信号传播速度见表 1-2。

表 1-2 不同管道直径和管道材料的声信号传播速度

管道直径 /mm	声信号传播速度 /（m/s）		
	PVC	钢	铸铁
25	530	1385	1435
50	475	1324	1385
80	460	1278	1324
125	373	1250	1273
150	370	1234	1250

1.3.2 声信号的幅频特性

基于上述分析，同时为了了解信号的实际幅频特征，本书采集了 1 组输水管道上的正常信号和泄漏信号，时频分析结果如图 1-6 所示。其中，图 1-6a 所示为未泄漏信号，图 1-6b 所示为未泄漏信号频谱，图 1-6c 所示为泄漏信号，图 1-6d 所示为泄漏信号频谱。分析图 1-6 可知，未泄漏信号的幅值变化区间为 −0.02~0.02V，频率为 0Hz；泄漏信号幅值的变化区间为 −10~10V，频率变化范围为 0~2000Hz。

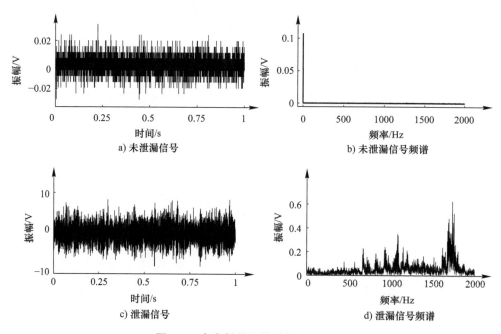

图 1-6 声发射信号的时频分析结果

1.3.3 声信号的衰减特性

当声信号在输水管道中传播时,声信号存在不可避免的衰减,声信号传播距离越远,能量衰减越大,信号幅值越小。为了更直观地了解声信号的衰减情况,本书采集了 2 组泄漏点距传感器距离不同的声信号,如图 1-7 所示。图 1-7 中,浅色信号表示由距离泄漏点 2.27m 的传感器采集到泄漏信号;深色信号表示由距离泄漏点 14.68m 的传感器采集到的泄漏信号。由图 1-7 可知,传播距离为 2.27m 的传感器采集到的泄漏信号振幅变化范围为 –7.5~7.5V,传播距离为 14.68m 的传感器采集到的泄漏信号振幅变化范围为 –2.5~2.5V。因此,随着传播距离的增大,泄漏信号振幅不断降低,声信号在传播过程中发生了衰减。实际传播过程中导致声信号发生衰减的原因如下:

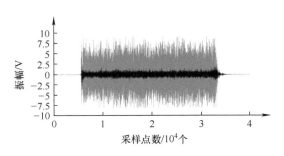

图 1-7 泄漏信号

(1)吸收衰减 由于不同介质之间存在黏滞性,因此,声信号传播过程中,不同介质相互摩擦,导致一部分能量转化为了热能。声信号能量由于介质摩擦生热的情况称为吸收现象。

(2)扩散衰减 声波沿输水管道传播时会发生扩散,声信号的能量也随之扩散,因此,声信号的振幅会随着传播距离的增大而不断降低。

(3)散射衰减 经过研究表明,水中存在许多微观粒子,由于微观粒子分布很不均匀,因此,声波沿输水管道传播时会发生散射。由于散射作用,声波在传播时会偏离原有方向,沿原有方向传播的能量会不断减小,因此,随着传播距离的增大,采集到的声信号的振幅会不断降低。

1.4 输水管道泄漏定位技术

对基于负压波技术的输水管道泄漏定位技术而言,管道发生泄漏时,泄漏点附近流体的相对稳态被打破,泄漏点压力急剧下降,产生负压波并向管道两端传播,负压波信号可以被安装在管道上的压力传感器捕获。由于泄漏点到两个传感器的距离不同,而负压波波速基本固定,故两个传感器采集到负压波信号存在一个时间差 Δt,通过计算 Δt,可以得到泄漏点与压力传感器之间的距离,该方法称为到达时差（time difference of arrival，TDOA）定位方法。其泄漏定位原理如图1-8所示。

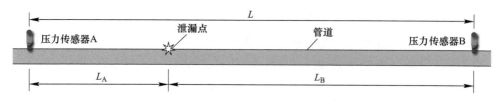

图1-8 基于到达时差的泄漏定位原理

到达时差方法在输水管道泄漏定位中行之有效且广泛应用，通过计算管道两端的压力传感器采集的负压波信号的到达时差，结合管道长度和负压波波速，定位发生泄漏的位置。假设两个压力传感器之间的距离为 L，传感器 A 和传感器 B 与泄漏点的距离分别为 L_A、L_B，负压波波速为 v。泄漏发生后，负压波从泄漏位置到达传感器 A 和传感器 B 的时间分别为 $t_1(t_1=L_A/v)$、$t_2(t_2=L_B/v)$，于是传感器 A 与泄漏点的距离 L'_A 计算公式为

$$L'_A = \frac{1}{2}(L+v\Delta t) \quad (1\text{-}1)$$

式中　Δt——负压波到达两个传感器之间的时间差（s），$\Delta t = t_1 - t_2$。

在式（1-1）中，管道长度 L 可以通过设计图样或现场测量获得。因此，负压波的传播速度 v 和时间差 Δt 是决定泄漏定位精度的关键参数。其中，负压波的波速 v 可以通过式（1-2）计算得到。

$$v = \sqrt{\frac{\dfrac{K_w}{\rho}}{1+\dfrac{K_w}{E}\dfrac{D}{e}C_1}} \quad (1\text{-}2)$$

式中　K_w——水的体积模量（Pa）；

　　　　ρ——水的密度（kg/m³）；

　　　　E——管道材料的弹性模量（Pa）；

　　　　D——管道内径（m）；

　　　　e——管壁厚度（m）；

　　　　C_1——与管道约束条件有关的修正系数。

从式（1-2）可以看出，负压波的波速会受到多个因素影响。例如，水的温

度和含气率发生变化时，其密度和体积模量会发生改变，负压波的波速会相应的产生变化。此外，不同的管道材质、管径以及壁厚对应的负压波波速也存在一定差异。因此，在工程应用时，通常根据经验波速结合实际管道条件来获取适用于被检测管道的波速经验值。

对于负压波技术，在确定波速后，式（1-1）中 Δt 成为决定泄漏定位精度的最关键参数。Δt 主要通过负压波（泄漏压力信号）的拐点或者压降区间特征点计算，但噪声会增加该拐点提取的难度，甚至完全掩盖真实拐点。为了抑制噪声干扰，随着信号处理技术、智能技术以及传感器技术的发展，大量的降噪方法应运而生。

对基于声发射技术的输水管道定位技术而言，它同样是利用泄漏引发的振动信号到达两个传感器之间的时间差 Δt 进行泄漏点位置计算。两路传感器捕获到的声信号时间差 Δt 与负压波技术不同，它是根据基于互相关函数的时延估计来进行计算，其原理是利用两路信号的相关性大小确定时延。假设声信号源释放的原始信号为 $S(\eta)$，η 为 $1\sim N$ 之间的整数，N 为一个样本中所含的样本点数，那么，传感器 A 和传感器 B 接收的信号 $x_A(\eta)$ 和 $x_B(\eta)$ 可以表示为

$$\begin{cases} x_A(\eta) = \alpha_1 S(\eta - \tau) + \beta_1(\eta) \\ x_B(\eta) = \alpha_2 S(\eta) + \beta_2(\eta) \end{cases} \quad (1\text{-}3)$$

式中　α_1 和 α_2——信号在两个方向上传播的衰减系数；

　　　　τ——延迟样本点数；

　　　β_1 和 β_2——两路信号中掺杂的噪声。

那么，两组信号的互相关函数可以表示为

$$R_{xy}(\tau) = \sum_{\eta=1}^{N} x_A(\eta) x_B(\eta) \quad (1\text{-}4)$$

互相关函数 R_{xy} 的自变量是延迟样本点数 τ，代表将一路信号沿着横轴平移 τ 之后和另一个信号求点积，τ 的取值为 $(-N+1, N-1)$ 区间内的整数。由于噪声 $\beta_1(\eta)$ 和 $\beta_2(\eta)$ 本身并不相关，因此 R_{xy} 取最大值时，两路信号相关性最强，其对应的 τ_1 即为所求时延对应的延迟样本数。此时，平移后的 $x_A(\eta)$ 和 $x_B(\eta)$ 重合度最大。显然，若泄漏点位于两个传感器距离 L 的中点，τ_1 的取值则为 0，那么，通过式（1-4）可从延迟样本数中得到时间差：

$$\Delta t = \frac{\tau_1}{f} \tag{1-5}$$

式中 f——信号采样频率（Hz），其倒数为样本点采样时间间隔。

经过计算得到时间差 Δt 后，可根据式（1-1）计算出泄漏点的位置。

无论是基于负压波技术，还是基于声发射技术的输水管道泄漏点定位，传感器采集到的泄漏信号中，由于噪声的存在会影响两路信号的相关性和特征的显著性，导致时间差 Δt 计算结果误差偏大，影响泄漏定位的精度。因此，为了降低泄漏定位误差，本书将深入阐述输水管道泄漏引发的负压波信号和声信号降噪方法。

1.5 本章小结

本章主要介绍了输水管道泄漏检测与定位技术发展现状，对目前输水管道泄漏检测方法、系统和设备进行了简要介绍，对这些常用方法的优缺点进行了分析比较。考虑到在工程应用领域，管道泄漏识别及定位方法的发展趋势是朝着基于软件的方法发展。因此，本书以负压波及声发射振动波为基础方法，分别介绍了这两种方法的基本原理和特点，以及输水管道定位技术基本原理等。

第 2 章　负压波信号降噪

城市输水管道大多数被掩埋于地面之下，其压力信号属于管内信号，相比沿管壁传播的信号具有更强的抗干扰性，但压力传感器采集的管道压力信号会叠加各种噪声。例如：管内水流流态改变、管内气泡经过传感器会产生噪声；信号采样时，压力传感器内部导电粒子的不连续性产生噪声，采集卡内部半导体器件产生散噪声。这些噪声会对泄漏识别和泄漏定位产生不利影响。低频噪声会改变压力信号的趋势，通俗来说就是会改变其形状，压力信号整体趋势的改变会导致后续的泄漏识别受到不利影响。高频噪声会掩盖压力信号的细节特征，对后续的泄漏点定位分析十分不利。负压波传播速度达到每秒千米级，在采集卡和传感器高频采样的工况下，不能尽量准确地提取压力突变点会导致最后的泄漏定位结果误差极大，几乎是"差之毫厘，失之千里"。通过负压波技术进行管道泄漏识别及定位的前提在于获取高信噪比的压力信号，因此降噪是至关重要的。

管道压力信号是非先验信号，具有非平稳的特点，需要合适的信号处理方法来抑制管道压力信号中的噪声，提高其信噪比。近年来，不断有新的信号处理技术被提出。傅里叶变换将信号处理技术从时域拓展到了频域，它被广泛应用于故障诊断领域，但傅里叶变换不具备时间分辨率，通常是在全局层面对信号进行分析，因此并不是在每种情况下都适用，特别是在需要分析信号局部特征时。小波分析方法在某些方面弥补了傅里叶变换的缺陷，它在时域及频域都有较好的局部化性质，但小波基函数的选取对分析结果存在很大影响，若无法选择合适的小波基函数，则会丢失信号的某些特征。经验模态分解（empirical mode decomposition, EMD）是 Huang 于 1998 年提出的一种新的处理非平稳信号的方法，该方法被广泛应用于故障处理领域。它可以将信号分解为一系列本征模态函数，但 EMD 方法由于不存在完备的数学依据，从而导致其在工程应用中会出现过分解、模态混叠及端点效应等问题。为了解决 EMD 存在的过分解和模态混叠问题，Huang 将白噪声引入 EMD 中，提出了集合经验模态分解（ensemble empirical mode decomposition, EEMD）方法。镜像延拓等方法被用来解决 EMD 的端点效应问题。在 EMD 的基础上，LU 等提出了信噪比经验模态分解（signal to noise ratio-empirical mode decomposition，SNR-EMD）来处理管道压力信号，但该方法仍然依赖镜像延拓等方法来克服 EMD 的一系列弊端。局部均值分解（local mean decomposition，LMD）在抑制端点效应、减少迭代次数等方面优于 EMD，但其依然存在端点效应，且平滑次数较多时信号会发生提前或滞后现象。

Dragomiretskiy 等于 2014 年提出了被称为变分模态分解（variational mode decomposition，VMD）的非平稳信号盲分离方法。VMD 构造变分模型并引入惩罚因子和拉格朗日乘子，将约束变分问题转化为非约束变分问题再迭代求解，最后可以得到若干具有有限带宽的调幅－调频本征模态函数（intrinsic mode function，IMF），IMF 之间在频域上表现出稀疏性。VMD 近乎克服了 EMD 包括缺乏数学依据的一切缺陷，近几年被广泛应用于模式识别及故障诊断等领域。但 VMD 并非与 EMD 一样是自适应的，它需要预先设置参数，且分解效果受限于 IMF 数量 K 及惩罚因子 α 这两个参数。LI 等在 VMD 的基础上提出了相位差谱－变分模态分解（phase difference spectrum- variational mode decomposition，PDS-VMD），在固定 α 的情况下通过相邻 IMF 的中心频率来确定 K。LIU 等为了处理管道压力信号，提出了一种基于 VMD 的自适应去噪方法（adaptive denoising-variational mode decomposition，AD-VMD），但该方法依然是在固定惩罚因子的情况下对 IMF 数量优化。

为了实现基于管道压力信号特征自适应选取 VMD 参数 K 和 α 的目的，基于遗传算法、模糊熵、信息熵以及北方苍鹰算法等学习方法，本章介绍了一系列 VMD 参数优化方法，并将其应用于实际管道压力信号处理过程中。这些方法不需要先验知识，可根据信号特征同时搜索 K 及 α，筛选有效 IMF，自适应确定最优参数并获得理想的降噪信号。

2.1 VMD 信号分解原理及参数设置

2.1.1 VMD 原理

VMD 是一种完全非递归的变分模态分解模型，涉及约束变分问题的构造和求解。它将信号分解后的本征模态函数 IMF 定义为调幅调频（amplitude modulation-frequency modulation，AM-FM）信号，假设将信号分解为 K 个 IMF 分量，

第 k 个 IMF 分量可以表示为

$$u_k(t) = A_k(t)\cos[\phi_k(t)] \qquad (2\text{-}1)$$

式中　$A_k(t)$——包络函数；

　　　$\phi_k(t)$——相位，其为非递减函数，即 $\phi_k'(t) \geq 0$。

$A_k(t)$ 和瞬时频率 $\phi_k'(t)$ 的变化远慢于相位 $\phi_k(t)$。在足够长的时间尺度 $[t-\tau, t+\tau]$ [$\tau \approx 2\pi/\phi_k'(t)$] 上，IMF 分量可以看作具有幅值 $A_k(t)$ 和瞬时频率 $\phi_k'(t)$ 的纯谐波信号，即模态的带宽受限。

根据卡尔森准则，每个模态的带宽 $BW_{\text{AM-FM}}$ 被估计为

$$BW_{\text{AM-FM}} = 2(\Delta f + f_{\text{FM}} + f_{\text{AM}}) \qquad (2\text{-}2)$$

式中　Δf——瞬时频率与中心频率之间的最大偏差（Hz）；

　　　f_{FM}——瞬时频率的偏移速率（Hz）；

　　　f_{AM}——包络函数 $A_k(t)$ 的最大频率（Hz）。

为满足各 IMF 分量估计带宽之和最小且等于输入信号，构造如下的约束变分模型：

$$\min_{\{u_k\},\{\omega_k\}} \left\{ \sum_k \left\| \partial_t \left[\left(\delta(t) + \frac{\text{j}}{\pi t} \right) u_k(t) \right] \text{e}^{-\text{j}\omega_k t} \right\|_2^2 \right\} \quad \text{s. t.} \sum_k u_k = f \qquad (2\text{-}3)$$

式中　$\{u_k\}$——各 IMF 分量；

　　　$\{\omega_k\}$——各 IMF 分量对应的中心频率（Hz）；

　　　$\sum_k$——各 IMF 分量的总和；

　　　$\left[\delta(t) + \dfrac{\text{j}}{\pi t} \right] u_k(t)$——将 IMF 分量 $u_k(t)$ 经希尔伯特变换得到的单边频谱；

　　　f——原始信号。

通过搜寻上述变分问题的最优解，VMD 方法迭代更新每个分量的中心频率和带宽并自适应分解出 IMF 分量。为将构造的约束变分问题转化为非约束变分问题以便于求解，引入惩罚因子 α 和拉格朗日乘子 $\lambda(t)$，增广拉格朗日表达式为

$$\begin{aligned}\Gamma(\{u_k\},\{\omega_k\},\lambda) := & \alpha \sum_k \left\| \partial_t \left[\left(\delta(t) + \frac{\text{j}}{\pi t} \right) u_k(t) \right] \text{e}^{-\text{j}\omega_k t} \right\|_2^2 + \left\| f(t) - \sum_k u_k(t) \right\|_2^2 + \\ & \left\langle \lambda(t), f(t) - \sum_k u_k(t) \right\rangle \end{aligned} \qquad (2\text{-}4)$$

惩罚因子 α 在存在高斯噪声的情况下降低重构信号的失真度，拉格朗日乘子 $\lambda(t)$ 保证严格约束。采用乘子交替方向法（alternate direction method of multipliers，ADMM）解决式（2-4）的非约束变分问题，通过交替更新 u_k^{n+1}、ω_k^{n+1} 和 λ^{n+1} 来搜索增广拉格朗日函数的"鞍点"，其中，n 表示求解时的迭代收敛次数，迭代步骤如下：

第一步：初始化 $\{u_k^1\}$、$\{\omega_k^1\}$、λ_k^1，设置 IMF 数量 K 和惩罚因子 α，此时 n 为 0。

第二步：$n = n+1$，进入外循环。

第三步：进入内循环，根据式 $u_k^{n+1} = \arg_{u_k} \min L(\{u_{i<k}^{n+1}\}, \{u_{i\geq k}^n\}, \{\omega_i^n\}, \lambda^n)$ 更新 IMF 分量 u_k，根据式 $\omega_k^{n+1} = \arg_{\omega_k} \min L(\{u_i^{n+1}\}, \{u_{i<k}^{n+1}\}, \{\omega_{i\geq k}^n\}, \lambda^n)$ 更新各 IMF 中心频率 ω_k。当分解出的 IMF 数量达到 K 时，结束内循环，此时确定这次循环最终的 u_k 及 ω_k。

第四步：根据式 $\lambda^{n+1} = \lambda^n + \tau(f - \sum_k u_k^{n+1})$ 更新 λ。

第五步：若满足收敛精度 $\sum_k \left(\left\| u_k^{n+1} - u_k^n \right\|_2^2 / \left\| u_k^n \right\|_2^2 \right) < \varepsilon$，结束外循环，否则再次进入第二步。

VMD 通过以上迭代得到 K 个 IMF u_k 及各 IMF 中心频率 ω_k。

由以上原理可以发现，VMD 是一种完全非递归的信号盲分离方法，使用该方法时需要确定的参数为：IMF 的个数 K、惩罚因子 α、凸优化相关参数 tau、初始中心频率 $init$、中心频率更新的相关参数 DC、噪声容忍度（终止条件）ε。K 及 α 之外的参数对 VMD 效果的影响较小，设置为经验值，即 $tau = 0$，$init = 1$，$DC = 0$，$\varepsilon = 10^{-7}$。K 和 α 为主要参数，对信号分解效果影响很大，要想获得理想的效果，需要预先设置合理的 K 和 α，否则容易造成 IMF 之间频率混叠、产生虚假 IMF 等问题。

2.1.2 参数设置的影响

由压力传感器采集的管道压力信号中含有各种不同频率的信号成分，本节以多频率成分的调幅 – 调频信号作为仿真信号进行仿真分析，探索 VMD 参数设置对其分解效果的影响。考虑频段分布的多样性，该仿真信号 $s(t)$ 按式（2-5）计算。

$$s(t) = [1+\cos(18\pi t)]\cos[214\pi t + 2\cos(20\pi t)] \quad (2\text{-}5)$$

当采样频率 f_s 为 500Hz 时，仿真信号 $s(t)$ 的时域波形如图 2-1 所示，图中 A 表示仿真信号的幅值，t 表示采样时间。幅值谱如图 2-2 所示，图中 f 表示频率。

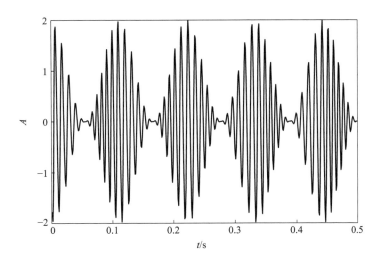

图 2-1　仿真信号 $s(t)$ 的时域波形

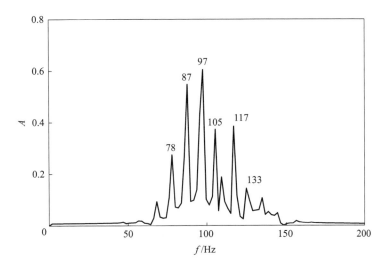

图 2-2　仿真信号 $s(t)$ 的幅值谱

如图 2-2 所示，仿真信号 $s(t)$ 频率成分主要集中在 78Hz、87Hz、97Hz、105Hz、117Hz 及 133Hz 等处。VMD 在分解信号时，通过迭代搜寻变分模型最优解来确定各分量的中心频率及带宽,进而实现信号在频域上的成分分离。本节分析的分解模态数量 K 及惩罚因子 α 对 VMD 效果的影响如下。

1. IMF 数量 K 对分解效果的影响

分析分解模态数量 K 对 VMD 效果影响时,将惩罚因子 α 设置为仿真信号 $s(t)$ 采样频率 f_s 的 2 倍。结合分析需要,K 分别取 3、4、5、6 和 7,使用 VMD 方法分解仿真信号。分解过程中,各分量中心频率随 IMF 数量 K 的变化曲线如图 2-3 所示,图中 n 表示整个分解过程 VMD 的迭代次数,f 表示各分量的中心频率。

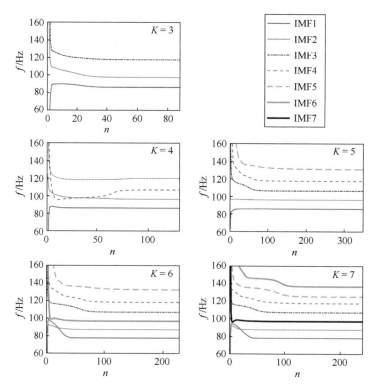

图 2-3 各分量中心频率随 IMF 数量 K 的变化曲线

由图 2-3 可以看出,当 $K=3$ 时,3 个 IMF 的中心频率随迭代次数的增加而分离,但分解出的信号频率成分小于仿真信号实际包含的 6 个,处于欠分解状态;$K=4$ 时,依然没有分解出所有的频率成分,IMF4 与 IMF2 的中心频率在 $0<n<50$ 范围内产生了两次交叠,最后未完全分解出所有主要频率成分,仍然处于欠分解状态;$K=5$ 时,VMD 已经准确分解出了仿真信号包含的 5 个主要频

率成分，但遗漏了中心频率在78Hz处的成分，处于欠分解状态；$K=6$时，虽然迭代前期各IMF中心频率产生了混叠，但后期又分离开，准确分解出了全部频率成分；$K=7$时，分解后在140Hz附近产生了虚假分量。由此可见，在惩罚因子α设置相对合适的前提下，选择合适的IMF数量才能较理想地分解出原始信号包含的主要频率成分，选择不合适则会产生欠分解和过分解等现象。

2. 惩罚因子 α 对分解效果的影响

分析惩罚因子α对VMD效果影响时，将分解模态数量K设置为6 [通过频谱分析得到的先验知识，$s(t)$有6个主要的频率成分]。结合分析需要并考虑到α之间的步长，将α分别设置为$0.4f_s$、$0.7f_s$、f_s、$1.5f_s$及$2f_s$。分解过程中，各分量中心频率随惩罚因子α的变化曲线如图2-4所示，图中n表示整个分解过程VMD的迭代次数，f表示各分量的中心频率。

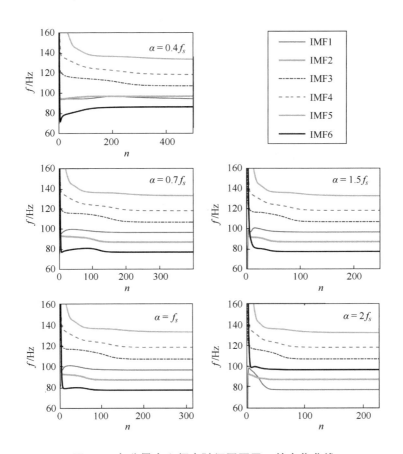

图 2-4　各分量中心频率随惩罚因子 α 的变化曲线

由图 2-4 可以看出，$\alpha=0.4f_s$ 时，78Hz 的频率成分没有被分解出来，欠分解，且 97Hz 频率处产生了虚假分量；$\alpha=0.7f_s$、f_s 和 $1.5f_s$ 时，$s(t)$ 的 6 个主要频率成分都被完全分离出来，$\alpha=1.5f_s$ 时，迭代前期产生了模态混叠，但分解完成的迭代次数相比 $\alpha=0.7f_s$ 和 f_s 时减小；$\alpha=2f_s$ 时，主要频率成分被完全分离出来，分解完成的迭代次数进一步降低。由此可见，当 K 固定时，α 的选取无规律且对分解效果、分解效率有很大的影响。

综上所述，在使用 VMD 对信号盲分离时，其参数 K 和 α 的选取是一个无规律的问题。若不能选择合适的参数，可能导致分解时效率低下、分解效果不理想。本节中使用的分析方法属于顺序优化，即在优化 VMD 参数 K 和 α 时，根据经验固定一个参数来优化另一个，再固定已优化参数，优化另一个参数。这种方法往往只能搜索到局部最优参数。为了得到更理想的 VMD 分解效果，优化分解效率，本书将基于信息熵、遗传算法及北方苍鹰算法等优化方法对参数的解空间进行并行搜索，快速准确地自适应获得全局最优的 K 和 α。

2.2 基于信息熵的 VMD 参数优化与信号降噪

2.2.1 信息熵

熵的概念来自于统计热力学，用以度量热力学系统的无序程度。Shannon 借用热力学中熵的概念，提出了信息熵（又称香农熵）。信息熵可以用来描述系统状态的不确定程度，目前已经在许多领域得到了广泛的研究和应用，例如，设备故障诊断、水文站网优化、目标识别等。

假设一个信号源 $X=\{x_1,x_2,\cdots,x_i,\cdots,x_n\}$ 包含 n 个可能的值，若取得 x_i 的概率为 $p(x_i)$，那么信号 X 的信息熵 $H(X)$ 可以表示为

$$H(X)=-\sum_{i=1}^{n}p(x_i)\log_2 p(x_i) \qquad (2\text{-}6)$$

$H(X)$ 越大，信号分布越分散，对应的随机性也越高；反之，信号分布越集中，其随机性越低。信息熵 $H(X)$ 具有如下性质：

1. 对称性

对于某一概率系统而言，各分量顺序任意互换时熵值保持不变，即熵只与信源的总体统计特性有关。

2. 确定性

如果某个分量出现的概率为 1，那么其信息熵值为 0，即

$$H(1,0)=H(1,0,0)=\cdots=H(1,0,0,\cdots,0)=0 \qquad (2\text{-}7)$$

3. 非负性

信源 X 中 x_i 取值的概率满足 $0 \leqslant p(x_i) \leqslant 1$，$\log_2 p(x_i) \leqslant 0$，则 $-p(x_i)\log_2 p(x_i) \geqslant 0$，即得到的信息熵为正值：

$$H(X) \geqslant 0 \qquad (2\text{-}8)$$

4. 扩展性

当源信号中加入一个概率接近于零的事件时，信源的总平均不确定性不会发生改变，即

$$\lim_{\varepsilon \to 0} H_n(p_1, p_2, \cdots, p_{n-\varepsilon}, \varepsilon) = H_n(p_1, p_2, \cdots, p_n) \qquad (2\text{-}9)$$

5. 可加性

两个信号源 Y、X 的联合熵等于 X 的信息熵加上在 X 条件下 Y 的熵值。

$$H(XY) = H(X) + H\left(\frac{Y}{X}\right) \qquad (2\text{-}10)$$

6. 递增性

若将信源中某一元素划分为 m 个元素，则这 m 个元素的概率和与被划分元素的概率相等。由于在划分时增加了不确定性，因此新信源的熵值有所增加，即

$$\begin{aligned} &H_{n+m-1}(p_1, p_2, \cdots, p_{n-1}, q_1, q_2, \cdots, q_m) \\ &= H_n(p_1, p_2, \cdots, p_{n-1}, p_n) + p_n H_m\left(\frac{q_1}{p_n}, \frac{q_2}{p_n}, \cdots, \frac{q_m}{p_n}\right) \end{aligned} \qquad (2\text{-}11)$$

式中，$\sum_{i=1}^{n} p_i = 1$，$\sum_{j=1}^{m} q_j = p_n$。

2.2.2 VMD 参数优化

传感器采集的原始压力信号由 VMD 分解为 K 个 IMF 分量，通过筛选其中主要包含有用压力信号的分量重构可以实现降噪。然而，VMD 需要预先确定分解模态数量 K，不同 K 对应的信号分解效果不同，相应重构信号的降噪效果也

不同。因此，有必要采用适当的方法优化 K 并得到最优的降噪信号。

信息熵能够度量时间序列的无序程度。信息熵越大，信号的无序程度越高；信息熵越小，信号越有序。当利用 VMD 对管道原始压力信号降噪时，重构信号中的噪声相比有用压力信号更为无序，其不确定性更大。因此，信息熵能被用作重构信号中噪声含量的一种度量。噪声含量越高，信号的无序程度也越高，信息熵越大；反之，重构信号中有用信号含量越高，信号更有序，信息熵越小，此时的降噪效果更好。基于此，可以认为在重构信号信息熵取得最小值时，其噪声含量达到最少，对应的重构信号即为最优降噪信号，此时的 K 即为最优分解模态数量。

在优化 VMD 分解模态数量的过程中，如果对 K 的搜索范围过大，信号可能出现过度分解，并且计算时间也将极大增加。如果 K 的搜索范围过小，原始信号中的噪声和有用压力信号可能无法有效分离。Li 等讨论了优化 VMD 分解模态数量的搜索范围。根据该研究的结果，本书将 K 的搜索范围设定为了 [2, 15]，步长为 1，惩罚因子 α 为 2000。然而，利用重构信号信息熵优化 VMD 分解模态数量，首先需要筛选出有效 IMF 分量，以获得各 K 值对应的重构信号。

2.2.3 基于皮尔逊相关系数的有效 IMF 筛选

1. 皮尔逊相关系数

皮尔逊相关性分析是度量两个变量之间关系密切程度的统计学方法，它能反映两个变量之间线性相关程度的强弱，两个变量之间的皮尔逊相关系数 ρ_{XY} 定义为两个变量 X 和 Y 之间的协方差和标准差的商。

$$\rho_{XY} = \frac{\text{Cov}(X,Y)}{\sqrt{\text{Var}(X)}\sqrt{\text{Var}(Y)}} = \frac{E(XY) - E(X)E(Y)}{\sqrt{E(X^2) - [E(X)]^2}\sqrt{E(Y^2) - [E(Y)]^2}} \quad (2\text{-}12)$$

式中　$\text{Cov}(X,Y)$ ——X 和 Y 的协方差；

$\text{Var}(X)$ ——X 的方差；

$\text{Var}(Y)$ ——Y 的方差；

$E(X)$ ——X 的期望值；

$E(Y)$ ——Y 的期望值；

$E(X^2)$ ——X 的平方的期望值；

$E(Y^2)$ —— Y 的平方的期望值；

$E(XY)$ —— X 和 Y 相乘的数学期望。

式（2-12）定义了总体相关系数。估算样本的协方差和标准差，可得到互相关系数，见式（2-13）。

$$R = \frac{\sum_{i=1}^{n}(X_i - \bar{X})(Y_i - \bar{Y})}{\left[\sum_{i=1}^{n}(X_i - \bar{X})^2 \sum_{i=1}^{n}(Y_i - \bar{Y})^2\right]^{1/2}} \quad (2\text{-}13)$$

式中 R ——信号 X 和 Y 的互相关系数；

n ——信号长度；

$\bar{X}$ 和 $\bar{Y}$ ——信号 X 和 Y 中 n 个数据的平均值。

R 的取值范围为 $[-1, 1]$。正值表示两者呈正相关，负值表示两者呈负相关。$|R|$ 越大，表示 X 与 Y 的相关性越高。如果 $R = -1$，则表示 X 和 Y 完全负线性相关；如果 $R = 1$，则表示 X 和 Y 完全正线性相关；如果 $R = 0$，则表示两组变量完全独立，不相关。当 $0 < |R| < 1$ 时，其相关程度还可以细分，详见表 2-1。

表 2-1 互相关系数与相关程度的关系

互相关系数	(0.8,1]	(0.6,0.8]	(0.4,0.6]	(0.2,0.4]	[0,0.2]
相关程度	极强相关	强相关	中相关	弱相关	极弱相关

皮尔逊相关系数计算效率高，实用性好，目前已经在故障识别、数据修复、信号降噪等诸多领域得到了广泛的应用。

2. 有效 IMF 筛选

在输水管道泄漏定位中，传感器采集的压力信号和噪声都是特性未知的随机信号。当 VMD 将原始信号分解为多个 IMF 时，有必要消除噪声分量并保留有效分量，以实现对噪声的抑制。当管道周围没有固定干扰源时，可以认为管道两端传感器采集的噪声信号不相关，而有用压力信号相关。在管道两端各安装有一个传感器的条件下，将其中一个传感器采集的信号作为检测信号，另一个传感器采集的信号作为参考信号。首先，检测信号通过 VMD 分解为多个 IMF 分量；然后，计算每个 IMF 分量和参考信号之间的互相关系数；最后，筛选出主要包含有用压力信号的有效分量进行重构。

假设管道两端传感器采集的信号分别为 $x_A(t)$ 和 $x_B(t)$，那么它们之间的数学关系可以用式（2-14）表示。

$$\begin{cases} x_A(t) = s^*(t) + n_1(t) \\ x_B(t) = \beta s^*(t - \Delta t) + n_2(t) \end{cases} \quad (2\text{-}14)$$

式中　$s^*(t)$——预先未知的有用压力信号；

$n_1(t)$ 和 $n_2(t)$——传感器所采集原始信号中的噪声；

　　　β——衰减因子；

　　　Δt——信号 $x_A(t)$ 和 $x_B(t)$ 之间的时间差。

将其中一个传感器采集到的信号作为检测信号，另一个传感器采集到的信号作为参考信号。在相关性分析中，主要包含有用压力信号的 IMF 分量与参考信号的相关性较高，而主要包含噪声的 IMF 分量与参考信号的相关性较低。因此，在使用 $x_B(t)$ 作为参考信号筛选 $x_A(t)$ 的有效 IMF 分量时，只会保留两者相关性较高的部分。假设 $x_A(t)$ 被分解为 $u_1(t), u_2(t), \cdots, u_m(t), \cdots, u_k(t)$，根据式（2-13），第 m 个分量 $u_m(t)$ 和 $x_B(t)$ 的互相关系数为

$$R = \frac{\sum_{i=1}^{n}(u_{m,i} - \bar{u}_m)(x_{B,i} - \bar{x}_B)}{\left[\sum_{i=1}^{n}(u_{m,i} - \bar{u}_m)^2 \sum_{i=1}^{n}(x_{B,i} - \bar{x}_B)^2\right]^{1/2}} \quad (2\text{-}15)$$

式中，$\bar{u}_m = \sum_{i=1}^{n}(u_{m,i})/n$，$\bar{x}_B = \sum_{i=1}^{n}(x_{B,i})/n$，$n$ 是信号的长度。将 R 取绝对值并归一化到 0～1 后表示为 R_{ux}。根据互相关系数的定义，筛选相关性较高的 IMF（$R_{ux} \geq 0.3$）作为有效分量，并表示为 $u_M(t)$。利用 $u_M(t)$ 重构获得降噪信号 $s(t)$，即

$$s(t) = \sum_{M} u_M(t) \quad (2\text{-}16)$$

根据本小节的方法，可以实现 VMD 分解信号后有效 IMF 分量的筛选，进而获得不同 K 值对应的重构信号。然后，利用 2.2.1 小节和 2.2.2 小节介绍的信息熵最小值方法即可筛选出最优 K，并获得降噪信号。

3. 基于 VMD 的压力信号降噪流程

基于 VMD 的自适应信号降噪（adaptive noise reduction-variational mode，ANR-VMD）流程如图 2-5 所示。

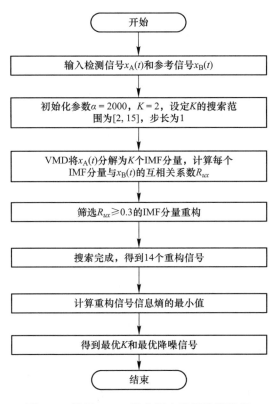

图 2-5 基于 VMD 的自适应信号降噪流程

具体步骤如下:

第一步:分别输入检测信号 $x_A(t)$ 和参考信号 $x_B(t)$(反之亦然)。初始化参数 $\alpha = 2000$,$K=2$,设定优化 K 的搜索范围为 $[2, 15]$,步长为 1。

第二步:VMD 将 $x_A(t)$ 分解为 K 个 IMF 分量。计算每个 IMF 与 $x_B(t)$ 的互相关系数 R_{ux},筛选 $R_{ux} \geq 0.3$ 的 IMF 重构。在 $K \in [2, 15]$ 内完成搜索,得到 14 个重构信号。

第三步:计算所有重构信号的信息熵,得到信息熵最小值。根据 2.2.1 小节和 2.2.2 小节的分析,信息熵最小值对应的重构信号即为最优降噪信号,相应的 K 即为 VMD 的最优分解模态数量。

ANR-VMD 方法根据管道压力信号的特性,筛选了 VMD 分解后的有效 IMF 分量,并优化了 VMD 的分解模态数量 K。该方法充分利用了 VMD 优良的信号分解性能,且原理简单,计算量小。

2.2.4 仿真试验

为了研究 ANR-VMD 方法的降噪性能，本小节构建了包含 25Hz、10Hz 和 0.5Hz 三种频率的仿真信号。构造仿真信号 X1 的代码如下：

fs=500; N=1:4000; f1=25; f2=10; f3=0.5;

X1=sin(2*pi*f1/fs*N)+3*sin(2*pi*f2/fs*N+0.6)+8*sin(2*pi*f3/fs*N+1);

构造的仿真信号如图 2-6 所示，也被称为无噪声信号。在实际的输水管道泄漏定位中，管道两端传感器采集的泄漏信号存在一个时间差。为了更客观地分析基于信息熵的 VMD 参数优化压力信号降噪方法，将信号 X1 向后延迟 20 个点得到参考信号 X2。X2 的波形与 X1 类似，因此不再展示。

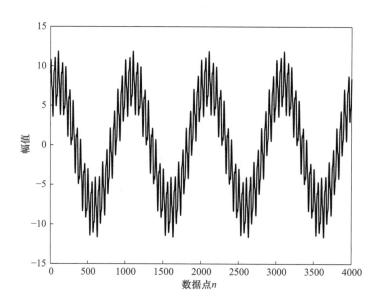

图 2-6 构造的仿真信号

向无噪声信号中添加高斯白噪声，得到信噪比为 4dB 的仿真含噪信号。为了验证 ANR-VMD 方法的有效性，利用小波降噪方法、基于 EMD 的降噪方法处理仿真含噪信号，并与 ANR-VMD 方法对比。有人通过小波方法对管道泄漏信号实现了很好的降噪效果，因此本书设置的小波参数与他们的相同，即采用的小波基为"sym4"小波，从而实现对信号进行 4 层分解。为了客观验证 VMD 相比 EMD 在信号分解上的优势，EMD 方法采用与 2.2.3 小节相同的有效 IMF 分量筛选和信号重构方法。

图 2-7 所示为无噪声信号以及三种方法的降噪结果。为了客观的观察每种方法的处理效果，图中展示了降噪信号的 2000 个数据点。小波降噪后的信号包含大量噪声，难以观察出无噪声信号的真实曲线。EMD 方法获得的信号曲线十分平滑，但此方法获得的降噪信号相比图 2-6 中的无噪声信号已经失真。此外，端点效应使 EMD 方法的结果在左端点处严重偏离了无噪声信号。ANR-VMD 方法降噪后的信号曲线与无噪声信号具有很好的一致性，信号中有用的特征信息得到了保留。小波方法降噪后的信噪比为 10.54dB，EMD 方法降噪后的信噪比为 5.99dB，ANR-VMD 方法降噪后的信噪比为 15.16dB。因此，ANR-VMD 方法对含噪信号中的噪声实现了更好的抑制效果。

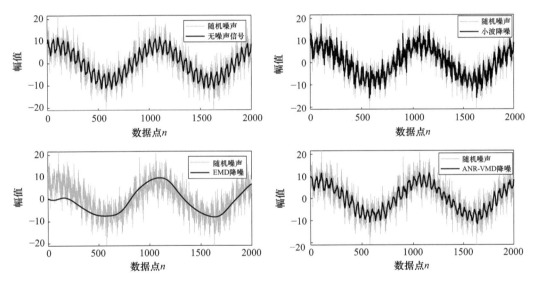

图 2-7　无噪声信号以及三种方法的降噪结果

为了进一步验证 ANR-VMD 方法在不同信噪比条件下的应用效果，将不同强度的高斯白噪声加入到无噪声信号中，得到不同信噪比的含噪信号。分别利用小波方法、基于 EMD 的方法和 ANR-VMD 方法对含噪信号降噪，结果如图 2-8 所示。在图 2-8 中，横坐标代表降噪前含噪信号的信噪比，纵坐标代表各方法降噪后信号的信噪比。

分析图 2-8 可知，ANR-VMD 方法降噪后的信噪比明显高于小波方法。随着含噪信号信噪比的提升，ANR-VMD 方法和小波方法对应的信噪比都逐渐上升并趋于接近，这是因为小波方法设置的经验参数更适合较高信噪比的条件。EMD

方法有两个结果比 ANR-VMD 方法获得的信噪比更高。然而，这些结果类似于图 2-7 中 EMD 方法获得的曲线，降噪后的信号已经失真。ANR-VMD 方法降噪后信噪比平均提升了 10.17dB，比小波方法高 5.32dB，比 EMD 方法高 4.27dB。

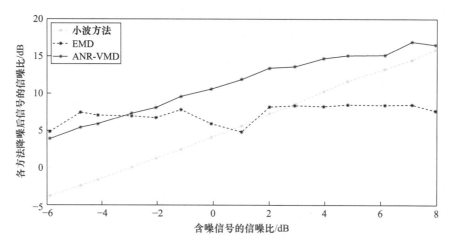

图 2-8　各方法对应的信噪比

相比其他两种方法，ANR-VMD 方法有效提升了信号的信噪比，并且保留原始信号的有用特征信息，此方法更适用于输水管道压力信号的降噪。

2.3　基于遗传算法和模糊熵的 VMD 参数优化与信号降噪

2.3.1　压力信号重构及信号噪声估计

1. 基于 VMD 和互相关系数的信号重构

正如上一节所提到，管道压力信号是特征未知的非先验信号，含有各种不同频率的信号成分，其中存在含有压力信息的有效成分，也存在噪声等不含有压力信息的其他成分，因此，在使用 VMD 分解压力信号后，IMF 可被分为有效 IMF 和无效 IMF。当输水管道附近没有能够同时对两个压力传感器采集的压力信号造成较大干扰的干扰源时，可以认为待降噪信号中的噪声成分与对比信号相关性很低甚至不相关，这是因为压力信息的演变与噪声无关，而待降噪信号中含有压力信息的成分与对比信号有很高相关性。互相关系数是量化两个不同信号序列之间关系密切程度的统计学方法，能反映它们之间相关程度的强弱，其定义见式（2-12）和式（2-13）。

VMD 将待降噪信号分解为多个 IMF 时，计算这些 IMF 与对比信号之间的互相关系数，将其归一化处理。根据互相关系数的大小，将这些 IMF 区分为有效 IMF 和无效 IMF。根据式（2-17）重构有效 IMF，即可降低待降噪信号中的噪声。

$$r(t) = \sum_I w_I(t) \quad (2\text{-}17)$$

式中　$r(t)$——重构后的信号；

$w_I(t)$——有效 IMF。

综上，压力信号的重构过程如下：首先，通过 VMD 将待降噪号分解为多个 IMF；然后，计算每个 IMF 与对比信号之间的互相关系数并归一化；最后，通过互相关系数筛选出含有压力信息的有效 IMF 进行重构。互相关系数与相关程度的关系见表 2-1。经实际试验验证后，认为与对比信号归一化互相关系数大于阈值 0.3 的 IMF 都包含有效压力信息，为有效 IMF。

将信号重构的目的是去除其中的噪声成分，得到降噪信号，然而，管道压力信号为非先验信号，难以采用信噪比准确量化其中的噪声含量。因此，本书将介绍一种采用模糊熵对信号和重构信号中的噪声含量进行估计方法。

2. 基于模糊熵的信号噪声估计

正如 2.2.1 小节所提到，根据信息熵的理论，信号序列的熵值越大，其稀疏性越强，信息不确定性越大，信号中噪声较多；信号的熵值越小，其稀疏性越弱，随机性越小，信号中噪声也就较少。因此，信息熵可以量化信号序列的噪声含量。在香农定义信息熵的数学表达后，随着统计学理论在信号分析领域的进一步应用，不断有新的信息熵类型被提出，它们的理论基础更为完善。常见的如 20 世纪的 K-S 熵、E-R 熵和近似熵（approximate entropy，ApEn），还有 Richman 和 Moornan 于 2000 年提出的样本熵（sample entropy，SEn），但它们在统计学角度依然存在一定缺陷。以近似熵和样本熵为例，它们对向量相似性的度量都基于赫维赛德（Heaviside）函数 $\theta(z)$，也称为阶跃函数或开关函数，表示为

$$\theta(z) = \begin{cases} 0, & z < 0 \\ 1, & z \geq 0 \end{cases} \quad (2\text{-}18)$$

赫维赛德函数导致近似熵和样本熵的向量相似度量分类器为传统的双状态

分类器,这种分类器通过输入模式是否满足某一精确属性,来判断它是否属于某一给定类。也就是说,这种分类器将输入模式的属性划分为 0 和 1,输入模式只能完全属于或者完全不属于某一给定类。然而,现实世界中类之间的边界常常是模糊的,很难确定一个输入模式是否完全隶属与某一类。而 Zadeh 在 1965 年提出了模糊集的概念,通过隶属度和模糊函数 $\mu_C(x)$ 的引入,将 x 与 [0,1] 中的实数相关联,$\mu_C(x)$ 的值越接近 1,x 在集合 C 中的隶属度越高。基于该概念产生了一种不精确的分类机制:输入模式属于给定类的程度。也就是说,输入模式可以不完全属于某一给定类。Chen 引入隶属度和模糊函数的概念提出了模糊熵(fuzzy entropy,FuzzyEn),解决了传统信息熵中向量相似度之间"非黑即白"的问题。Chen 采用指数函数 $\exp[-(d_{ij}^m)^n/r]$ 作为模糊函数,根据两个向量的形状对它们的相似性进行模糊度量。此时,两向量的相似性不再是非 0 即 1,而是在 [0,1] 的实数中取值。

由以上描述可以得知,模糊熵在统计学性质方面相比近似熵和样本熵更为合理,故接下来,本书将选取模糊熵评价信号中的噪声含量。计算模糊熵的数学步骤如下:

第一步:若有信号序列 [见式(2-19)],以 m 为窗长(模式维数),将信号分为 $k = n - m + 1$ 个序列 [见式(2-20)]。

$$\{X(i), i = 1, 2, 3, \cdots, n\} \quad (2\text{-}19)$$

式中　n——信号长度。

$$X_i(t) = [x_i(t), x_{i+1}(t), \cdots, x_{i+m-1}(t)] \quad (2\text{-}20)$$

第二步:计算每个序列与所有 k 个序列之间的距离(两向量元素差值绝对值的最大值):

$$d_{ij} = \max \left| x_{i+k}(t) - x_{j+k}(t) \right|, k = 0, 1, \cdots, m-1 \quad (2\text{-}21)$$

第三步:根据距离 d_{ij} 计算序列相似度,即模糊隶属度。为使模糊熵值随参数变化而连续平滑变化,采用指数函数模糊化相似性度量公式,即

$$D_{ij}^m = \mu(d_{ij}^m, n, r) = \exp\left[\frac{-(d_{ij}^m)^n}{r}\right] \quad (2\text{-}22)$$

式中 D_{ij}^m——x_j^m和x_i^m之间的序列相似度；

$\mu(d_{ij}^m, n, r)$——模糊函数；

r——相似容限阈值，在模糊熵中代表模糊函数边界的宽度。

当 r 的值较大时，会丢失较多的信息；当 r 的值较小时，估计出的统计特性效果不理想，且会增加结果对噪声的敏感性。研究表明，当 r 取 0.1~0.25 倍序列的标准差时，模糊熵有较为合理的统计特性。

第四步：通过均值运算，可以除去数据轻微波动和基线漂移造成的影响，并且向量的相似性由模糊函数形状决定，不再由绝对幅值差确定，从而实现将相似性度量模糊化。故对除自身以外的所有隶属度求平均：

$$\phi^m(n,r) = \frac{1}{n-m} \sum_{j=1}^{n-m} \left(\frac{1}{n-m-1} \sum_{j=1, j \neq i}^{n-m} D_{ij}^m \right) \quad (2\text{-}23)$$

第五步：将窗长 m 增加为 $m+1$，重复以上步骤，得到 $\phi^{m+1}(n,r)$，最后计算模糊熵 $FE(t)$：

$$FE(t) = \ln \phi^m(t) - \ln \phi^{m+1}(t) \quad (2\text{-}24)$$

由 2.1 节中的分析结果可知：采用基于 VMD 方法分解管道压力信号时，需要设置合理的参数 K 和 α。若设置不合理，IMF 之间会存在模态混叠、欠分解和过分解等问题，有效的压力信息和无效的噪声便会耦合于各 IMF 之间，无法通过筛选区分，后续基于互相关系数的筛选和信号重构工作也难以进行，盲目选取 VMD 参数会导致重构信号中仍然携带大量噪声。在 2.2 节中，本书介绍分解方法的 α 取值为 2000，IMF 数量 K 为一个被优化量。随着研究工作的进一步深入，提出一种基于遗传算法和模糊熵的 VMD（VMD Based on Genetic Algorithm and Fuzzy Entropy，GAFE-VMD）参数优化方法。该方法可以自适应地全局搜索最优参数 K 和 α，基于该最优参数的重构信号具有最低的熵，得到较为理想的降噪信号。接下来，本书将对该方法进行详细的介绍。

2.3.2 基于遗传算法和模糊熵的 VMD 参数优化与信号降噪

1. 遗传算法

使用 VMD 分解信号时，需要预先设置分解参数。VMD 方法的理论及本书 2.1.2 小节中的仿真研究表明，影响其分解效果的参数主要为 IMF 数量 K 和惩罚因子 α。

遗传算法（genetic algorithm，GA）是一种受到生物进化过程启发的智能优化算法，用于寻找问题的最优解或近似最优解。它模拟了自然选择和遗传机制，通过对候选解的群体进行演化，逐步优化解的质量。它直接以适应度作为搜索信息，具有不受优化函数连续性的约束、并行性高及鲁棒性强的特征，能够以很大的可能性收敛到最优解或近似最优解。以上的特征表明，遗传算法非常适合作为优化方法来搜索 VMD 的最优参数。

遗传算法由 John Holland 等人于 1975 年在经典著作 *Adaptation in Natural and Artificial Systems* 中进行了系统阐述。在 20 世纪 70—80 年代，遗传算法逐渐应用于优化和搜索问题；20 世纪 80—90 年代，研究者们深入研究其理论基础，并提出了关于其性能和收敛性的理论结果；21 世纪初，遗传算法成为解决复杂、高维、非线性问题的有力工具，广泛应用于实际问题的优化。遗传算法的发展经历了从概念提出到理论建立、应用拓展的演变过程，已成为进化计算领域中最为成功和应用广泛的算法之一。

遗传算法首先将问题的可能解编码为个体（individuals）（或染色体）。若干个染色体构成初始种群（population），然后根据预定的适应度（fitness）函数计算每个个体的适应度，性能较好的个体应当具有较强的适应度。选择适应度强的个体进行操作，通过遗传算子选择、交叉、变异来产生一群适应度更强的新个体，形成新的种群。这样种群一代一代不断进化，使后代种群中的个体比前代种群中的个体更加适应环境，末代种群中的最优个体经过解码，作为问题的最优解。遗传算法的常规流程如图 2-9 所示。

2. 基于重构信号模糊熵的适应度评价函数

适应度函数至关重要，它直接影响到算法的收敛性。适应度函数是根据目标函数确定的。遗传算法常常将目标函数直接作为适应度函数，但由于在执行选择操作时，它要按与个体适应度成正比的概率，来决定当前群体中每个个体遗传到下一代群体中的概率，要正确计算此概率，要求所有个体的适应度函数值必须为非负值。而一般目标函数有正有负，且和适应度之间的关系也是多种多样的，所以将目标函数适当做一些处理，此时有两种方法：

（1）直接将待求解的目标函数转化为适应度函数　即若目标函数为最大化问题，则 $\text{Fit}(f(x)) = f(x)$；若目标函数为最小化问题，则 $\text{Fit}[f(x)] = -f(x)$。

（2）将待求解的目标函数做适当处理后再转化为适应度函数　此时有两种

情况：

1）若目标函数为最大化问题，则

$$\text{Fit}[f(x)] = \begin{cases} f(x) - c_{\min}, & f(x) > c_{\min} \\ 0, & f(x) \leq c_{\min} \end{cases} \quad (2\text{-}25)$$

式中　$c_{\min}$——$f(x)$ 的最小估计值。

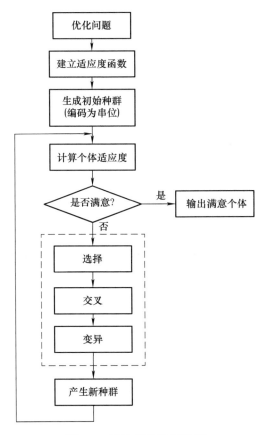

图 2-9　遗传算法常规流程

2）若目标函数为最小化问题，则

$$\text{Fit}[f(x)] = \begin{cases} f(x) - c_{\max}, & f(x) < c_{\max} \\ 0, & f(x) \geq c_{\max} \end{cases} \quad (2\text{-}26)$$

式中　$c_{\max}$——$f(x)$ 的最大估计值。

因此，存在目标函数到适应度函数的映射形式，其形式为

$$\phi = \delta\{f[\tau(\zeta)]\} \quad (2\text{-}27)$$

式中 δ——变换函数，δ 的作用是确保适应度为正，并且最好的个体适应度最强；

f——求解问题的表达式；

τ——个体译码的函数；

ζ——个体。

本书所构造优化方法的效果高度依赖于一个合理的适应度评价函数，它直接影响到算法的收敛，即最终能否搜索到 VMD 参数 K 和 α 的最优解。由于优化目标是获取最优的 VMD 参数，使重构信号中的噪声含量最低，即得到模糊熵最低重构信号，故将重构信号的模糊熵 $FE(t)$ 作为适应度函数 E 的主体部分。结合 2.1.2 小节中的分析：合理选择参数会降低 VMD 迭代次数，使其分解效率更高，故本书将 VMD 的迭代次数 n 引入适应度函数，最后构建适应度评价函数 E：

$$E = FE(t) + \varphi n \quad (2\text{-}28)$$

分解管道压力信号时，VMD 的迭代次数 n 通常为几十次到数百次，其量级远大于熵 $FE(t)$。为保证 $FE(t)$ 在适应度函数 E 中占有主体地位，故为 n 添加缩放因子 φ，降低其在 E 中的比重。将 n 加入适应度评价函数中，使优化后的最优参数拥有更高的分解效率。综上，若希望得到最优分解参数，进化过程中每一代种群内的最优个体应当具有当前种群中的最佳适应度 $\min E$。

为了使遗传算法更有效地工作，必须保持种群内个体的多样性和它们之间的竞争机制。多样性的保持通常依赖于交叉和变异算子，竞争机制通常通过适应度尺度变换保持。常见的调整方法是线性尺度变换、乘幂尺度变换和指数尺度变换。假设原适应度函数为 E，变换后适应度函数为 E'，三种尺度变换依次为

$$E' = aE + b \quad (2\text{-}29)$$

$$E' = E^k \quad (2\text{-}30)$$

$$E' = e^{-\beta E} \quad (2\text{-}31)$$

式中 a、b、k、β——尺度变换系数。

为控制原适应度最大的个体可贡献的后代的数目，且保证在以后的进化中平均每个个体可贡献一个后代，E 和 E' 之间须同时满足关系：

$$E'_{\max} = n^* \overline{\sum_{i=1}^{M} E_i} \cap \overline{\sum_{i=1}^{M} E'_i} = \overline{\sum_{i=1}^{M} E_i} \quad (2\text{-}32)$$

式中　M——种群规模；

　　　n——放缩因子。

通过线性尺度变换巩固了适应度函数在种群进化中的主体作用。

3. 自适应 VMD 参数优化

基于遗传算法和模糊熵的自适应 VMD 参数优化方法（adaptive VMD parameter optimization method based on genetic algorithm and fuzzy entropy，GAFE-VMD）流程如图 2-10 所示。

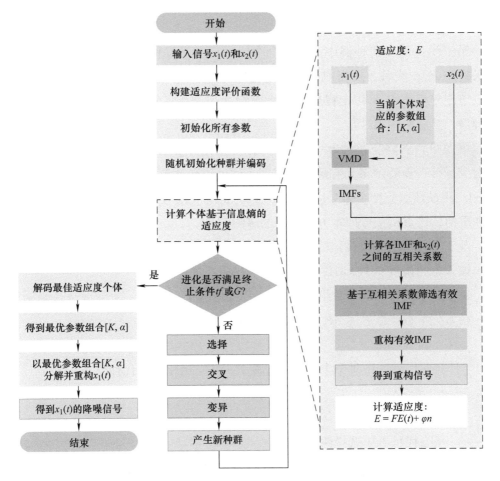

图 2-10　基于遗传算法和模糊熵的自适应 VMD 参数优化方法流程

具体步骤如下：

第一步：安装在管道上下游的传感器 A、B 分别采集到压力信号 $x_1(t)$、$x_2(t)$。初始化所有参数，遗传算法的种群规模设置为 M，个体适应度阈值设置为 tf，进化代数阈值设置为 G，IMF 数量 K 的搜索范围设置为 $[K_1,K_2]$，惩罚因子 α 的搜索范围设置为 $[\alpha_1,\alpha_2]$。将待降噪信号 $x_1(t)$、对比信号 $x_2(t)$ 输入遗传算法，生成规模为 M 的初始种群（M 组 $[K,\alpha]$ 参数组合）。

第二步：首先，VMD 以当前种群内 M 个个体对应的参数组合对待降噪信号 $x_1(t)$ 进行分解，得到 M 组 IMFs；然后，计算 M 组 IMFs 中的每个 IMF 与对比信号 $x_2(t)$ 的互相关系数，有效 IMF 得以保留，重构 M 组有效 IMFs 得到 M 个重构信号；最后，计算 M 个个体的适应度 E_m，此时判断是否满足终止条件 G 或 tf，若满足则终止，不满足则继续。

第三步：从当前种群中选择两个个体进行交叉操作，是否进行交叉取决于交叉概率 P_c；然后，从当前种群中随机选择 1 个个体进行变异操作，是否变异取决于变异概率 P_m。以上操作分别执行 G 次后产生了新一代种群，新种群替代旧种群，然后回到第二步。

第四步：若终止条件 tf 一直不被满足，则进化代数达到 G 时停止进化。第 G 次执行第二步后，将具有最佳适应度个体的染色体解码，得到最优 VMD 参数 $[K,\alpha]$。用最佳适应度个体对应参数 $[K,\alpha]$ 对待降噪信号 $x_1(t)$ 进行 VMD 分解、筛选和重构，该重构信号即本方法得到的降噪信号。

基于遗传算法和模糊熵的自适应 VMD 参数优化方法的伪代码为：

输入：待降噪信号 $x_1(t)$、对比信号 $x_2(t)$（反之亦然）

输出：最优 VMD 参数组合 $[K,\alpha]$、降噪信号

初始化参数 P_c、P_m、M、G 和 tf，随机初始化初代种群

 do{

  计算此代种群中每个个体的适应度 F，并初始化下一代种群

  do{

   计算个体适应度

   从当代种群中选择两个个体

   if (概率 (0,1)<P_c)

    根据交叉概率 P_c 对两个个体进行交叉操作

根据交叉概率 P_c 对两个个体进行交叉操作
if (概率 $(0,1) < P_m$)
　根据变异概率 P_m 对此个体进行变异操作
向新一代种群中添加 2 个新个体
}until(下一代种群中达到 M 个子代染色体)
新种群替代旧种群
}until(任何个体适应度 <tf，或种群进化代数 >G)

其中，P_c、P_m、M、G 和 tf 分别表示交叉概率、变异概率、种群规模、进化代数阈值和个体适应度阈值，其中进化代数阈值 G 和个体适应度阈值 tf 为进化的终止条件。

2.3.3　仿真分析

为验证 GAFE-VMD 降噪方法的有效性，考虑到仿真分析对频率多样性的需求，利用 MATLAB 生成如式（2-33）的调幅 – 调频无噪声信号 $s_1(t)$、$s_2(t)$，仿真信号的采样率为 500Hz，采样时间 9s。

$$s_{1,2}(t) = \sin(540\pi) + 4\sin(216\pi + 0.7) + 9\sin(10.8\pi + 1.2) \quad (2\text{-}33)$$

式中　A——幅值；
　　　t——时间。

$s_2(t)$ 作为 $s_1(t)$ 的对比信号，时域波形与 $s_1(t)$ 相似。为模拟管道泄漏时两路负压波信号的时间差 Δt，故此处将 $s_2(t)$ 的采样起始时刻相比 $s_1(t)$ 向后延迟 0.04s。

仿真无噪声信号 $s_1(t)$ 时域波形如图 2-11 所示。

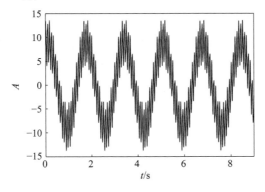

图 2-11　仿真无噪声信号 $s_1(t)$ 时域波形

向仿真信号 $s_1(t)$、$s_2(t)$ 中添加高斯噪声 $z(t)$，其概率密度函数如式（2-34）所示。

$$p(z, \mu, \sigma^2) = \frac{1}{\sqrt{2\pi}\sigma} \exp\left[-\frac{1}{2\sigma^2}(z-\mu)^2\right] \quad （2\text{-}34）$$

式中　σ——$z(t)$ 的方差；

μ——$z(t)$ 的期望。

仿真信号 $s_1(t)$ 添加高斯噪声后得到的含噪信号波形如图 2-12 中浅色线条所示，其信噪比为 6.800dB。为方便观察，图 2-12 中仅展示了 3.5s 内的波形。可见，相比深色线条表示的仿真信号 $s_1(t)$，浅色线条表示的含噪信号只能观察到最低频成分的趋势，更高频成分的细节已经难以分辨。

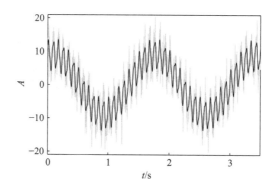

图 2-12　仿真信号 $s_1(t)$ 和含噪信号

得到含噪信号后，分别使用小波降噪方法、EMD 方法、VMD 方法及 GAFE-VMD 方法对其进行降噪处理。图 2-13 所示为上述 4 种方法对含噪信号的降噪效果对比，图中浅色的曲线为含噪信号，深色曲线为图例对应方法的降噪后信号。为方便观察信号细节，图 2-13 中依然仅展示了 3.5s 内的波形。

由于仿真信号是先验信号，故可以通过信噪比来量化几种方法的降噪效果。含噪信号的信噪比计算公式如式（2-35）所示。

$$SNR = 20\lg\left(\frac{P_s}{P_n}\right) \quad （2\text{-}35）$$

式中　P_s——信号的平均功率（kW）；

P_n——噪声的平均功率（kW）。

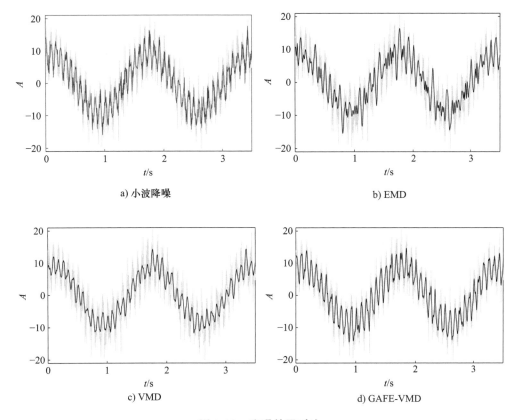

图 2-13　降噪效果对比

小波降噪方法参数设置为"sym4"小波、4 层小波分解，降噪后信号的信噪比为 13.470dB，但受限于小波基函数的选取，从图 2-13a 中可见降噪后的信号依然含有大量噪声，噪声去除不够彻底；经过基于 EMD 降噪方法处理后信噪比仅有 9.820dB，如图 2-13b 所示，并且可以发现相比叠加噪声之前的仿真信号 $s_1(t)$，降噪后波形存在较为严重的失真；如图 2-13c 所示，经过 VMD 降噪方法处理后较为平滑，信噪比为 12.416dB，但相比 $s_1(t)$，降噪后波形存在较明显的失真；GAFE-VMD 方法不需要信号的先验知识，如图 2-14d 所示，降噪后的信号整体平滑，相比其他方法，信号特征与叠加噪声之前的仿真信号 $s_1(t)$ 保持最高的一致性，并且信噪比也为以上几种方法中最高的 16.187dB，与含噪声信号相比信噪比提高了 9.387dB。降噪信号信噪比对比见表 2-2。

表 2-2 降噪信号信噪比对比

含噪信号信噪比 /dB	降噪方法	降噪信号信噪比 /dB	信噪比提升 /dB
6.800	小波降噪	13.470	6.670
	EMD	9.820	3.020
	VMD	12.416	5.616
	GAFE-VMD	16.187	9.387

为进一步验证方法的有效性,将不同强度的高斯噪声加入仿真信号 $s_1(t)$ 和 $s_2(t)$,由此对不同信噪比的含噪信号进行降噪分析。各方法对不同信噪比的含噪信号降噪结果对比如图 2-14 所示。

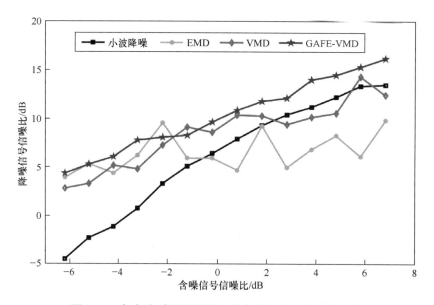

图 2-14 各方法对不同信噪比的含噪信号降噪结果对比

由于参数设置的原因,小波降噪在含噪信号具有不同信噪比条件下的降噪效果不同,在含噪信号的信噪比较低时降噪效果较差,在含噪信号的信噪比较高时降噪效果较好。EMD 降噪效果不稳定,在含噪信号的信噪比较高时的降噪效果与信噪比较低时区别不大,且降噪后的信号多存在失真。VMD 方法与 GAFE-VMD 方法获得的降噪信号的信噪比都随含噪信号信噪比的提升而提升,整体上成正相关,但是在大部分情况下,GAFE-VMD 方法的效果优于 VMD 降噪。其原因是 VMD 方法将惩罚因子 α 固定为 2000,并未对其优化,导致降噪信号中噪声含量略高于 GAFE-VMD 方法。

综上所述，在本节的仿真分析背景下，GAFE-VMD 方法较为稳定，能较大幅度提升信号信噪比，具有更好的降噪效果。

2.4 基于北方苍鹰算法的 VMD 参数优化与信号降噪

为了进一步探索基于 VMD 理论的降噪方法，本节将介绍一种基于北方苍鹰算法的 VMD 参数优化与信号降噪方法。北方苍鹰优化算法是一种基于自然界中北方苍鹰觅食行为的启发式优化算法，它模仿了苍鹰在寻找食物时的策略，通过模拟苍鹰的狩猎行为来解决优化问题。该算法能够快速收敛到全局最优解或者接近最优解，并且与其他优化算法相比，北方苍鹰优化算法的参数较少，使得其使用和调整过程相对简单。为了提高 VMD 方法的自适应程度，基于北方苍鹰优化算法，本节提出一种改进的 VMD 优化算法，以实现快速准确地确定 α 和 K 的最佳组合，并利用该最佳组合对信号进行分解。对于分解后的 IMF 分量，常规做法是保留相关性高的分量，剔除相关性低的分量。但是，考虑到泄漏引发的负压波信号中的高频部分可能包含有重要的信号特征，完全抛弃高频分量会导致丢失泄漏奇异点的细节信息，因此本书在保留高度相关性分量，即有效分量的基础上，对中低相关性分量采用小波阈值进行二次去噪。将二次去噪后的 IMF 和有效分量进行重构，得到降噪信号。

2.4.1 基于北方苍鹰算法的变分模态分解

北方苍鹰优化算法（northern goshawk optimization，NGO）是一种基于种群的元启发式优化算法，于 2022 年由 Mohammad 等人提出，该算法模拟了北方苍鹰的捕猎过程。

第一阶段：猎物识别（勘探阶段）

在北方苍鹰的捕猎过程中，首先会随机选择一个猎物，然后迅速对其进行攻击。由于这一选择是在搜索空间中随机进行的，因此可以增加 NGO 算法的探索能力。这一阶段旨在对整个搜索空间进行全局搜索，以确定最佳区域。北方苍鹰在这一阶段的猎物选择和攻击行为，可以用式（2-36）~ 式（2-38）来描述：

$$P_i = X_k, i = 1, 2, \cdots, N, k = 1, 2, \cdots, i-1, i+1, \cdots, N \quad (2\text{-}36)$$

$$x_{i,j}^{\text{new},P_1} = \begin{cases} x_{i,j} + r(p_{i,j} - Ix_{i,j}), & F_{p_i} < F_i \\ x_{i,j} + r(x_{i,j} - P_{i,j}), & F_{p_i} < F_i \end{cases} \quad (2\text{-}37)$$

$$X_i = \begin{cases} X_i^{\text{new},P_1}, & F_i^{\text{new},P_1} < F_i \\ X_i, & F_i^{\text{new},P_1} \geq F_i \end{cases} \quad (2\text{-}38)$$

式中　　P_i——第 i 只北方苍鹰的猎物位置；

　　　　N——北方苍鹰的数量；

　　　　k——[1, N] 范围内的随机整数；

　　　　F_{p_i}——第 i 只北方苍鹰的猎物位置的目标函数值；

　　　　X_i^{new,P_1}——第 i 只北方苍鹰的新位置；

　　　　$x_{i,j}^{\text{new},P_1}$——第 i 只北方苍鹰在第 j 维度的新位置；

　　　　r——[0,1] 范围内的随机数；

F_i^{new,P_1}——经过第一阶段更新后第 i 只北方苍鹰的新目标函数值。

第二阶段：追逐及逃生（开发阶段）

北方苍鹰攻击猎物后，猎物会试图逃离。因此，北方苍鹰需要持续追逐猎物。由于北方苍鹰追击速度极快，几乎可以在任何情况下追上猎物并成功捕获。这种行为的模拟有助于提高算法对搜索空间的局部搜索能力。假设狩猎活动近似于在半径为 R 的攻击位置进行，在第二阶段中，可通过式（2-39）～式（2-41）来描述：

$$R = 0.02\left(1 - \frac{t}{T}\right) \quad (2\text{-}39)$$

$$x_{i,j}^{\text{new},P_2} = x_{i,j} + R(2r - 1)x_{i,j} \quad (2\text{-}40)$$

$$X_i = \begin{cases} X_i^{\text{new},P_2}, & F_i^{\text{new},P_2} < F_i \\ X_i, & F_i^{\text{new},P_2} \geq F_i \end{cases} \quad (2\text{-}41)$$

式中　　t——当前的迭代次数；

　　　　T——最大迭代次数；

　　　　X_i^{new,P_2}——第 i 只北方苍鹰的新位置；

　　　　$x_{i,j}^{\text{new},P_2}$——第 i 只北方苍鹰在第 j 维度的新位置；

F_i^{new,P_2}——经过第 2 阶段更新后第 i 只北方苍鹰的目标函数值。

本书采用最小样本熵作为 NGO 算法的目标函数，样本熵（sample entropy，SEn）是一种用于衡量时间序列数据复杂性的统计指标。它可以用来度量数据的不规则程度或随机性，即数据的无序程度。对于信号数据而言，样本熵值越低，则其样本序列自我相似度愈高；反之，其样本序列便越复杂。当原始信号通过 VMD 分解为 K 个 IMF 时，如果 IMF 中包含的噪声分量越少，与原始信号的相关性越强，SEn 越小；反之亦然。SEn 的定义如公式（2-42）所示。

$$\begin{cases} d\left[\dot{X}_t(a), \dot{X}_t(\beta)\right] = \max_{\rho \in (0, \beta-1)} \left|\dot{x}(a+\rho) - \dot{x}(a-\rho)\right| \\ B_a^E(d) = \dfrac{1}{L-E+1} \sum_{\beta=1}^{L-E+1} \text{num}\left\{s\left[\dot{X}_t(a), \dot{X}_t(\beta)\right] < d\right\} \\ B^E(d) = \dfrac{1}{L-E+1} \sum_{i=1}^{L-E+1} B_a^E(d) \\ \text{SEn}(E, d) = \lim_{L \to \infty} \left\{ -\ln\left[\dfrac{B^{E+1}(d)}{B^E(d)}\right] \right\} \end{cases} \quad (2\text{-}42)$$

式中　　d——距离；

$B_a^E(d)$——统计 $X_E(a)$ 和 $X_E(\beta)$ 之间距离小于等于 d 的 β 数目与（L–E–1）的比值；

L——长度；

E——嵌入维数；

s——空间；

$B^E(d)$——$\dot{X}_t(a)$ 和 $\dot{X}_t(\beta)$ 两个序列在 d 内匹配 E 个点的概率。

2.4.2 基于北方苍鹰算法的优化变分模态分解

采用上述 NGO 算法对 VMD 的分解模态数量和惩罚因子的最优组合进行优化（简称为 NVMD），具体步骤如下：

第一步：输入原始泄漏信号，初始化 NGO 参数，设定优化参数 K 的搜索范围为 [2, 10]，α 的搜索范围为 [1500, 2500]。

第二步：计算样本熵 SEn。

第三步：更新并添加苍鹰的位置，以获得苍鹰的最佳位置。

第四步：基于当前最小样本熵，更新目标值和最优位置。

第五步：重复上述步骤，直到达到最大迭代次数。

第六步：输出 VMD 最优参数 K 和 α。

第七步：以最优参数 K 和 α 进行 VMD 分解。

NVMD 的计算流程如图 2-15 所示。

对信号完成分解后，可以通过寻找有效分量和噪声分量以实现信号降噪。考虑到互相关系数具有可解释性强、敏感性高等优点，选择采样互相关系数表征分解后信号的相关性，见式（2-13）。

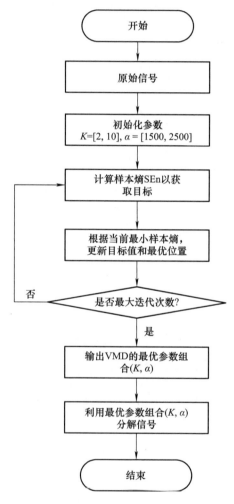

图 2-15　NVMD 的计算流程

信号降噪的常规处理方式是保留相关性高的分量，剔除相关性低的分量，然而对于泄漏引发的负压波而言，高频噪声中也可能包含泄漏特征，完全抛弃高频分量可能丢失提取泄漏奇异点的细节信息。因此，在保留高相关性分量的基础上,对中低相关性分量进行二次去噪,以筛选出对分析更有意义的信号成分。考虑到小波阈值去除噪声的同时,尽可能地保留信号的重要特征,使得去噪后的信号保持较高的信息质量。因此,在采用基于北方苍鹰优化算法获得最优参数组合后,选用小波阈值对噪声分量进行二次去噪(wavelet threshold denoising based on northern goshawk,NWTD)。影响小波阈值去噪的因素主要包括:小波基、分解模态数量及阈值函数。其中对于小波基及分解模态数量的选择,同样采用北方苍鹰算法进行优化,具体步骤如下:

第一步:输入噪声分量,初始化参数。设置小波基函数为 db2 ~ db10,分解模态数量设置为 2 ~ 10。

第二步:计算去噪后信号与原始信号的能量差异得到适应度。

第三步:更新并添加苍鹰的位置,以获得苍鹰的最佳位置。

第四步:基于当前最小能量差异,更新适应度和最优位置。

第五步:重复上述步骤,直到达到最大迭代次数。

第六步:输出小波阈值分解的最优小波基函数和分解模态数量。

第七步:利用第六步计算得到的最优小波基函数和分解模态数量,对输入的噪声分量进行小波阈值去噪。

第八步:利用二次去噪后的分量和有效分量获得负压波降噪信号,这个降噪过程称为联合降噪。

2.4.3 评价指标

为了对降噪效果进行量化分析,使用式(2-43)所示的信噪比(signal to noise ratio,SNR)和式(2-44)所示的归一化互相关系数(normalized correlation coefficient,NCC)作为评估降噪效果的指标。

$$\mathrm{SNR} = 10\lg \frac{\sum_{N}^{n=1} X^2(n)}{\sum_{N}^{n=1} \left[X(n) - Y(n) \right]^2} \quad (2\text{-}43)$$

$$\mathrm{NCC} = \frac{\sum_{N}^{n=1} X(n)Y(n)}{\sqrt{\sum_{N}^{n=1} X^2(n) \sum_{N}^{n=1} Y^2(n)}} \quad (2\text{-}44)$$

2.4.4 仿真验证

本书构造了包含 3 个幅值和频率的模拟信号：

$$s_1=\sin(3\pi\times0.004n)$$
$$s_2=5\times\sin(2\pi\times0.019n+0.8)$$
$$s_3=7\times\sin(2\pi\times0.013n+1.2)$$
$$s=s_1+s_2+s_3$$
$$n=[1,3000]$$

向模拟信号 s 中添加高斯白噪声，生成信噪比为 5dB 的含噪声模拟信号 s'，如图 2-16 所示，深色的线为模拟信号 s，浅色的线为添加随机噪声后的信号 s'。

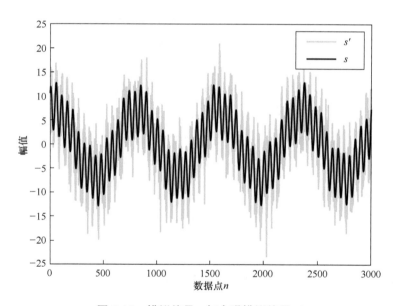

图 2-16　模拟信号 s 与含噪模拟信号 s'

采用前面所介绍的联合降噪算法对含噪模拟信号 s' 进行降噪处理。首先利用 NVMD 以最优 K 和 α 进行模态分解。当达到最大迭代次数 10 时，NVMD 的目标函数曲线如图 2-17 所示。在迭代到第 6 次时，目标函数值达到最小为 0.029176，相应的最优参数 $K=10$，$\alpha=2500$。

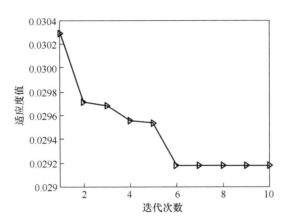

图 2-17 NVMD 的目标函数曲线

计算 NVMD 分解后各个 IMF 分量和无噪声信号 s 的互相关系数，其结果见表 2-3。结合表 2-1 的相关性指标并分析表 2-3 中的计算结果可知，IMF10 的互相关系数大于 0.8，信号相关性为极强相关，故认为其是有效分量，其余则被认为是噪声分量。利用 NWTD 对噪声分量进行二次去噪。NWTD 的目标函数曲线如图 2-18 所示。当迭代次数为 7 时，目标函数值达到最小为 0.019687，相应的最优小波基为 db10，分解模态数量为 4 层。

表 2-3 NVMD 分解后各个 IMF 分量的互相关系数

固有模态函数	互相关系数	固有模态函数	互相关系数
IMF1	1.2382×10^{-5}	IMF6	5.9675×10^{-5}
IMF2	1.3246×10^{-5}	IMF7	8.2930×10^{-5}
IMF3	2.0955×10^{-5}	IMF8	5.3093×10^{-4}
IMF4	1.0313×10^{-5}	IMF9	0.5670
IMF5	2.4869×10^{-5}	IMF10	0.8146

以优化得到的最优结果 db10 小波基、IMF 数量为 4 对 IMF1～IMF9 进行小波阈值降噪处理。重构该二次去噪分量和有效分量得到最终的降噪信号。为了验证降噪效果，将采用小波方法、EMD 方法的降噪效果与 NVMD 方法、联合降噪方法进行对比，降噪结果如图 2-19 所示。

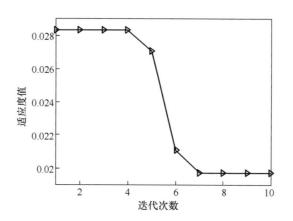

图 2-18　NWTD 的目标函数曲线

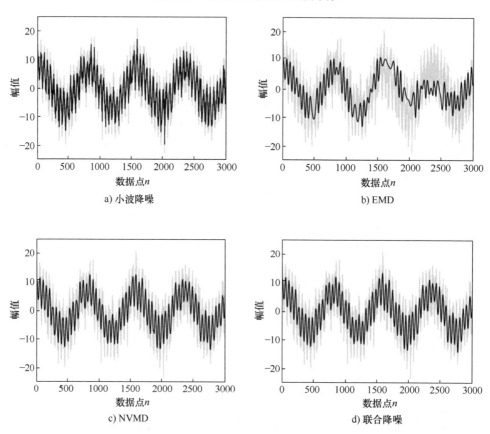

图 2-19　四种方法的降噪结果

有人采用小波方法在降噪管道泄漏信号方面取得了良好的效果，因此本书采用与他们相同的小波参数设置，即采用小波基为"Sym4"小波进行 4 层分解。

EMD 和 NVMD 选取互相关系数大于 0.3 的模态分量进行重构，其余低相关分量舍去。图 2-19 中含噪声模拟信号以浅色线条表示，采用四种方法进行降噪处理后的结果以深色曲线表示。

从图 2-19a 的结果可以看出，小波降噪后的信号仍然包含大量噪声，很难观察出信号的真实曲线。图 2-19b 的 EMD 方法降噪结果反映出，采用 EMD 方法降噪后的信号虽然信号噪声有着很大幅度的减少，但降噪后的信号与原始信号相比已经失真。图 2-19c 的结果表明，采用 NVMD 方法，获得的信号曲线与无噪声模拟信号相比能够得到较好的还原，但是完全抛弃低相关分量可能丢失一部分有用信息。与之相比，图 2-19d 所示联合降噪算法能够更好地保留信号中有用的特征信息，降噪后的信号曲线与原始信号具有更好的一致性。

为了进行定性分析，分别计算了上述四种方法的 SNR、NCC，其结果见表 2-4。

表 2-4 四种方法的降噪指标

降噪方法	SNR/db	NCC
小波降噪方法	11.85	0.968
EMD 方法	4.51	0.810
NVMD 方法	16.09	0.988
联合降噪方法	17.23	0.991

由表 2-4 的计算结果可知，与其他三种方法相比，联合降噪方法有着最高的信噪比和归一化互相关系数，对噪声实现了更好的抑制。

2.5 本章小结

输水管道压力传感器采集的管道信号会叠加各种噪声，这些噪声会对泄漏识别和泄漏定位产生不利影响。本章首先阐明了噪声对管道泄漏识别及泄漏点定位的影响，说明了对管道压力信号降噪的必要性；然后介绍了变分模态分解原理，并介绍了基于信息熵的 VMD 参数优化与信号降噪、基于遗传算法和模糊熵的 VMD 参数优化与信号降噪，以及基于北方苍鹰算法的 VMD 参数优化与信号降噪三种方法；通过仿真试验验证了几种方法的性能，为后续的泄漏识别及泄漏点定位的负压波技术试验研究奠定了基础。

第 3 章　声发射信号降噪

3.1　噪声的构成

当泄漏声信号能量较低，频率较低时，容易受到各种噪声的干扰，使得加速度传感器采集到的信号夹杂着大量的噪声，导致泄漏定位精度降低。因此，为了更好地从原始信号中去除多余的噪声，以便准确地定位泄漏，下面首先介绍噪声的主要构成成分。

1. 声信号采集设备产生的电路噪声

声信号采集设备是由大量的电子元器件组成的，当声信号采集设备处于开启状态时，电子元器件自身会产生噪声；声信号采集设备运行过程中，加速度传感器和放大器都需要电源进行供电，电源在供电的过程中也会产生一些噪声。

2. 外界环境噪声

在实际采集泄漏信号的过程中，外界环境中通常会夹杂着大量的噪声，大多数噪声都是随机的，不可控的，如工厂噪声、车辆噪声、人说话的噪声等；剩下一部分是具有一定规律的噪声，如电钻噪声、风扇噪声等。

3. 管内噪声

我国输水管道运行时间多数已经超过了 10 年，存在腐蚀、老化等问题。因此，在长时间的运行中，管道之间的接口处会沉积大量的水垢，发生锈蚀，在接口内壁形成不规则的破损，管道内的水流从接口处逸出，对原本正常流动的水流产生干扰，影响水流流态，形成管内噪声。这种管内噪声属于固定噪声，而且频率分布与泄漏信号极为相似，不易分辨出来，会严重影响泄漏声信号的泄漏点定位。

加速度传感器在采集泄漏声信号的过程中，不可避免地会采集到大量噪声，从而降低信号的信噪比，甚至出现噪声完全淹没泄漏信号的情况，使泄漏定位结果失去意义。为了解决该问题，当泄漏发生时能够准确地找到泄漏点位置，降低管道泄漏所造成的经济损失，保障居民的正常用水，在本书第 2 章对负压波信号降噪方法的研究基础上，本章将开展基于 VMD 理论的声发射信号降噪方法研究。

3.2 VMD-互相关系数算法

VMD 原理和互相关系数前文分别在 2.1.1 小节及 2.2.3 小节中做了详细介绍。这两种方法结合后得到 VMD-互相关系数算法，该算法的泄漏点定位流程如图 3-1 所示。

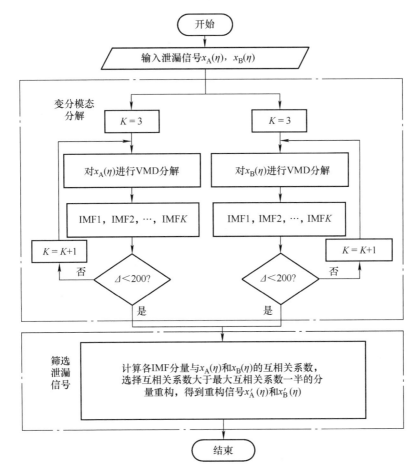

图 3-1 VMD-互相关系数算法的泄漏点定位流程

VMD-互相关系数算法具体实现步骤如下：

第一步：对传感器 A 采集到的泄漏信号 $x_A(\eta)$ 进行 VMD 分解，令初始分解模态数量 K 为 3（经过试验验证，泄漏信号分解后的残余分量为背景噪声，将中心频率表示为 0，因此，IMF 初选个数定为 $K=3$），惩罚因子 $\alpha=2000$，收敛容差 $c=1\times10^{-6}$，经过分解后得到 IMF1，IMF2，$\cdots$，IMFK，设 Δ 为相邻 IMF 分量之差的绝对值。

第二步：设分解模态数量 $K = K+1$，重复第一步，直至 $x_A(\eta)$ 经过 VMD 分解后的相邻 IMF 分量之差的绝对值 $\Delta<200$（经过大量试验结果论证，当 $\Delta<200$ 时，泄漏信号能够得到最好的分解效果），则认为此时的分解模态数量 K_A 为最佳，对 $x_B(\eta)$ 进行同样的处理得到其最佳的分解模态数量 K_B。

第三步：将 $x_A(\eta)$ 和 $x_B(\eta)$ 经过 VMD 分解为 IMF 分量后，根据式（2-13）得到各 IMF 分量与原信号 $x_A(\eta)$ 和 $x_B(\eta)$ 的互相关系数，选择互相关系数大于最大互相关系数的一半的各分量进行重构，得到重构信号 $x'_A(\eta)$ 和 $x'_B(\eta)$，完成降噪。

然而，当泄漏信号中的噪声能量较高时，传统的 VMD- 互相关系数算法往往将含有噪声的 IMF 分量作为泄漏信号，将能量较低的含有泄漏信号的 IMF 分量当作噪声，无法准确地筛选出有效 IMF 分量。因此，VMD- 互相关系数算法降噪效果较差，抗噪声干扰能力较差。

3.3　VMD- 希尔伯特变换算法

为了更好地筛选出有效的 IMF 分量，考虑到希尔伯特变换可以应用于非平稳信号，而且，可以通过希尔伯特变换分离频率和幅度，实现信号的可变频率和幅度描述，本章将 VMD 和希尔伯特变换引入到振动声信号降噪方法研究中，介绍一种 VMD- 希尔伯特变换算法。在该算法中，VMD 将泄漏信号分解为多个 IMF 分量，利用希尔伯特边际谱的特征获得每个 IMF 分量的频谱特征，根据互相关系数滤除一部分噪声；然后，使用切比雪夫滤波器对剩余的噪声进行抑制。

3.3.1　希尔伯特变换原理

一个连续时间信号 $x(t)$ 的希尔伯特变换等于该信号通过冲激响应为 $h(t) = 1/\pi t$ 的线性系统的输出响应。因此，希尔伯特变换定义表达式为

$$\frac{1}{\pi}\int_{-\infty}^{+\infty}\frac{x(t)}{t-\tau}d\tau = \frac{1}{\pi}\int_{-\infty}^{+\infty}\frac{x(t-\tau)}{\tau}d\tau = x(t)*\frac{1}{\pi t} \quad (3-1)$$

输入信号 $x(t)$ 经过 VMD 分解后可以表示为

$$x(t) = \sum_{i=1}^{k} u_k(t) + r_k(t) \quad (3-2)$$

式中 $u_k(t)$——$x(t)$ 经过 VMD 分解后的 IMF 分量；

$r_k(t)$——残余分量。

对每一个 IMF 分量做希尔伯特变换：

$$H[u_k(t)] = \frac{1}{\pi}\int_{-\infty}^{+\infty}\frac{u_k(t)}{t-\tau}\mathrm{d}\tau = \frac{1}{\pi}\int_{-\infty}^{+\infty}\frac{u_k(t-\tau)}{\tau}\mathrm{d}\tau = u_k(t) * \frac{1}{\pi t} \quad (3\text{-}3)$$

构造解析信号：

$$z_k(t) = u_k(t) + \mathrm{j}H[u_k(t)] = a_k(t)\mathrm{e}^{\mathrm{j}\theta_k(t)} \quad (3\text{-}4)$$

其中：

$$a_k(t) = \sqrt{u_k^2(t) + H^2[u_k(t)]} \quad (3\text{-}5)$$

$$\theta_k(t) = \arctan\frac{H[u_k(t)]}{u_k(t)} \quad (3\text{-}6)$$

对应的瞬时频率为

$$f_k(t) = \frac{1}{2\pi}\frac{\mathrm{d}\theta_k(t)}{\mathrm{d}t} \quad (3\text{-}7)$$

$x(t)$ 的解析表达式为

$$x(t) = \sum_{i=1}^{k} a_k(t)\mathrm{e}^{\mathrm{j}\theta_k(t)} \quad (3\text{-}8)$$

根据式 (3-4) 和式 (3-7) 得

$$u_k(t) = \mathrm{Re}\left[a_k(t)\mathrm{e}^{\mathrm{j}2\pi\int f_k(t)\mathrm{d}t}\right] \quad (3\text{-}9)$$

式 (3-9) 中，Re 表示取实部。将 $a_k(t)$ 表示在坐标轴平面中，可以得到 IMF 分量 $u_k(t)$ 的希尔伯特时频谱：

$$H_k(t,f) = \begin{cases} a_k(t), & f = f_k(t) \\ 0, & f \neq f_k(t) \end{cases} \quad (3\text{-}10)$$

对 $x(t)$ 进行整体希尔伯特时频谱分析得到希尔伯特谱：

$$H(t,f) = \sum_{k=1}^{n} H_k(t,f) \tag{3-11}$$

希尔伯特谱描述了信号的幅值在整个频段上随着时间和频率的变化规律。

通过希尔伯特谱进一步定义希尔伯特边际谱：

$$h(f) = \int_0^T H_k(t,f) \tag{3-12}$$

式中　T——信号采样时间。

希尔伯特边际谱反映了信号的幅值在整个频段上的统计情况，还描述了信号实际频率组成。

考虑到傅里叶变换作为最常用的信号处理方法，研究了傅里叶变换与希尔伯特变换的区别。如果输入信号 $x(t)$ 使用傅里叶变换，则可以表示为

$$x(t) = \sum_{i=1}^{\infty} a_k e^{j\omega_k t} \tag{3-13}$$

式中　a_k、ω_k——常数。

在式 (3-8) 中，$a_k(t)$ 和 $\theta_k(t)$ 是变量。因此，与傅里叶变换相比，希尔伯特变换可以应用于非平稳信号处理。而且，可以通过希尔伯特变换分离频率和幅度，实现信号的可变频率和幅度描述。

为了更直观地理解使用傅里叶变换和希尔伯特变换之间的差异，本书使用实验室采集的真实声发射数据进行频谱分析，如图 3-2 所示。其中，图 3-2a 所示为实验室采集的输水管道声发射信号，图 3-2b 所示为信号的傅里叶频谱，图 3-2c 所示为 IMF1 的傅里叶频谱，图 3-2d 所示为信号的希尔伯特边际谱。由图 3-2b 可知，使用傅里叶变换分析信号时，信号的傅里叶频谱中，IMF 分量没有分离开，无法有效地筛选 IMF 分量。由图 3-2c 可知，利用傅里叶变换对信号分解后的 IMF 分量能够进行有效分析。分析图 3-2d 可知，使用希尔伯特变换分析信号时，信号的希尔伯特边际谱中，信号被分解成了 4 个 IMF 分量，其中振幅最大的是 IMF1，振幅最小的是 IMF4。这一结果表明：在泄漏引发声信号的希尔伯特边际谱中，能得到各 IMF 分量的振幅，并有望选择合适的 IMF 分量进行信号重构，以得到降噪声发射信号。

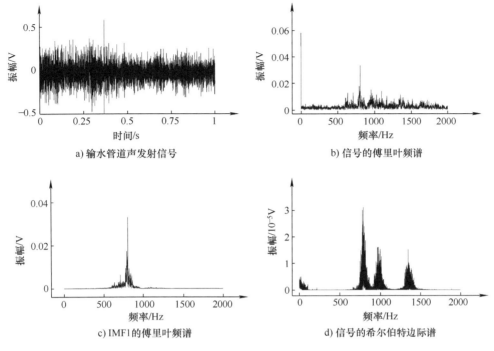

图 3-2 频谱分析

3.3.2 VMD-希尔伯特变换算法流程

当信号中的噪声能量较高时，VMD-互相关系数算法往往将含有噪声的 IMF 分量作为泄漏信号，将能量较低的含有泄漏信号的 IMF 分量当作噪声，无法准确地筛选出 IMF 分量。为了解决此问题，本书提出一种 VMD-希尔伯特变换算法，其泄漏点定位流程如图 3-3 所示。

具体步骤如下：

第一步：对任意一个声发射传感器采集到的泄漏声信号进行分解。以传感器 A 采集到的泄漏信号 $x_A(\eta)$ 为例进行 VMD 分解，令初始分解模态数量 K 为 3（经过试验验证，泄漏信号分解后的残余分量为背景噪声，将中心频率表示为 0。因此，IMF 初始个数 K 设为 3 较为合适），惩罚因子 $\alpha = 2000$，收敛容差 $c = 1 \times 10^{-6}$（α 和 c 取为 VMD 分解的经验值），经过分解后得到 IMF1，IMF2，…，IMFK，设 Δ 为相邻 IMF 分量之差的绝对值。

第二步：设分解模态数量 $K = K+1$，重复第一步，直至 $x_A(\eta)$ 经过 VMD 分解后的相邻 IMF 分量之差的绝对值 $\Delta<200$（经过大量试验结果论证，当 $\Delta<200$ 时，

泄漏信号能够得到最好的分解效果），则认为此时的分解模态数量 K_A 为最佳，对 $x_B(\eta)$ 进行同样的处理得到其最佳的分解模态数量 K_B。

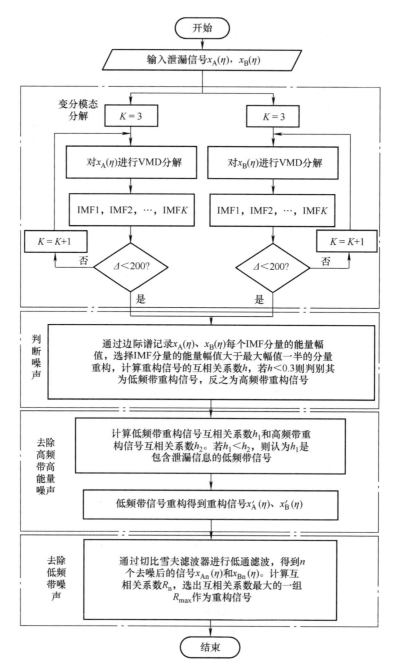

图 3-3　VMD-希尔伯特变换算法的泄漏点定位流程

第三步：将 $x_A(\eta)$ 和 $x_B(\eta)$ 经过 VMD 分解后，进行希尔伯特变换得到希尔伯特边际谱。通过边际谱得到各 IMF 分量的能量幅值，选择能量幅值大于最大能量幅值的一半的各分量进行重构（最大能量幅值的一半可视为辨别信号的主要构成部分的依据），计算重构信号互相关函数归一化后得到的系数 h，由 h 值的大小对高能量噪声信号进行分辨。

第四步：将分解后 IMF 分量分为低频带 (0~1000Hz) 和高频带 (1000~2000Hz) 分量重构，当低频带重构信号互相关函数归一化后得到的系数 h_1 大于高频带重构信号互相关函数归一化后得到的系数 h_2 时，说明高能量噪声信号存在于高频带。因此，将含噪声少的低频带 IMF 分量重构得到重构信号 $x'_A(\eta)$ 和 $x'_B(\eta)$，降噪结束。

3.4 仿真试验

为了研究 VMD-希尔伯特变换算法的降噪性能，通过 MATLAB 函数生成采样点数 $n=4000$ 的仿真信号 $s_A(t)$，对 $s_A(t)$ 进行 500~600Hz 的带通滤波来模拟输水管道传感器 A 的泄漏信号，将 $s_A(t)$ 延迟 50 个采样点 ($D=50$) 来模拟输水管道传感器 B 的泄漏信号。为了模拟出真实试验条件下采集到的泄漏信号，对 $s_A(t)$ 和 $s_B(t)$ 添加 SNR = -10dB、频带为 700~900Hz 的低能量白噪声，再对 $s_A(t)$ 和 $s_B(t)$ 添加 SNR = -10dB、频带为 1100~1800Hz 的高能量白噪声，最终得到泄漏模拟信号 $x_A(t)$ 和 $x_B(t)$。假设采样频率 $f_s=4000$Hz，那么，泄漏模拟信号的时间差 $\Delta t = D/f_s = 0.0125$s。最终构造出的泄漏模拟信号及其频率特性如图 3-4 所示。

图 3-4a 所示为泄漏模拟信号 $x_A(t)$，图 3-4b 所示为泄漏模拟信号 $x_B(t)$，图 3-4c 所示为泄漏模拟信号 $x_A(t)$ 的频谱，图 3-4d 所示为泄漏模拟信号 $x_B(t)$ 的频谱。分析图 3-4a、b 可知，泄漏模拟信号 $x_A(t)$ 振幅为 -2~2V，泄漏模拟信号 $x_B(t)$ 振幅为 -10~10V；根据声信号的衰减特性可知，泄漏模拟传感器 B 距离泄漏模拟点更近，泄漏模拟传感器 A 距离泄漏模拟点更远。分析图 3-4c、d 可知，泄漏模拟信号 $x_A(t)$ 和 $x_B(t)$ 中包含 1100~1800Hz 的高能量白噪声、700~900Hz 的低能量白噪声以及 500~600Hz 的低能量泄漏信号，满足真实试验条件下采集到的含噪较多的信号。

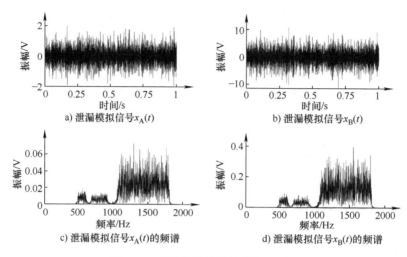

图 3-4　泄漏模拟信号及其频率特性

3.4.1　互相关算法

为了分析噪声对泄漏模拟信号的影响，对泄漏模拟信号 $x_A(t)$ 和 $x_B(t)$ 进行互相关分析，如图 3-5 所示。其中，图 3-5a 所示为泄漏模拟信号 $x_A(t)$，图 3-5b 所示为泄漏模拟信号 $x_B(t)$，图 3-5c 所示为泄漏模拟信号 $x_A(t)$ 和 $x_B(t)$ 的互相关系数。

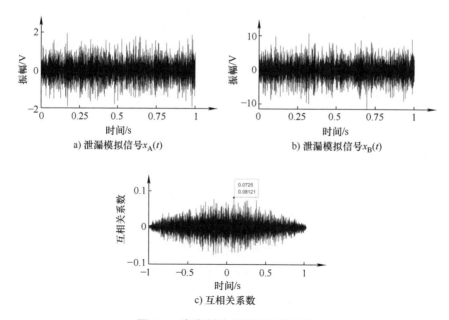

图 3-5　声发射信号的互相关分析

由图 3-5c 可知，两路泄漏模拟信号的互相关系数峰值约为 0.08，结合表 2-1 关于信号的相关性评判标准可知，互相关系数在 0～0.30 之间，属于极弱相关，时间差 $\Delta t' = 0.0725$s，模拟的时间差 $\Delta t = 0.0125$s，相对误差 $\delta = |0.0725 - 0.0125|/0.0125 = 480\%$。因此，两路泄漏信号属于极弱相关时，泄漏信号中夹杂着大量噪声，导致泄漏定位相对误差较大。

3.4.2 VMD-互相关系数算法

对泄漏模拟信号 $x_A(t)$ 和 $x_B(t)$ 使用 VMD-互相关系数算法降噪，VMD-互相关系数算法降噪过程如图 3-6 所示。其中，图 3-6a 所示为泄漏模拟信号 $x_A(t)$，图 3-6b 所示为泄漏模拟信号 $x_B(t)$，图 3-6c 所示为 $x_A(t)$ 的 VMD 分解，图 3-6d 所示为 $x_B(t)$ 的 VMD 分解，图 3-6e 所示为 $x_A(t)$ 降噪后的信号，图 3-6f 所示为 $x_B(t)$ 降噪后的信号，图 3-6g 所示为降噪后两路信号的互相关系数。

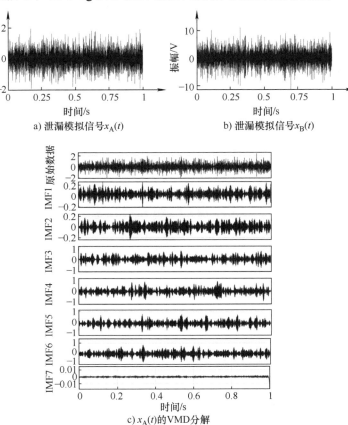

图 3-6 VMD-互相关系数算法降噪过程

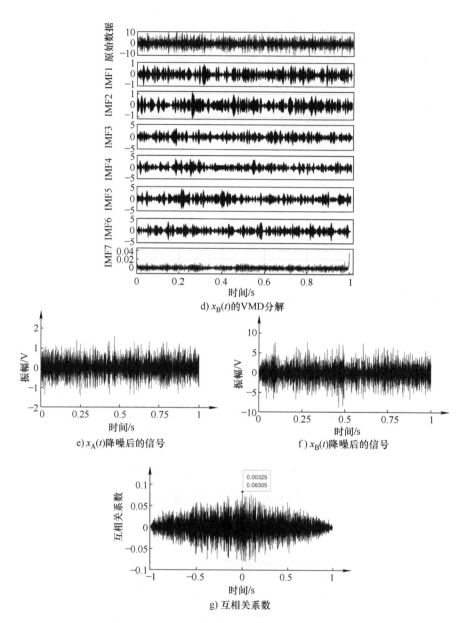

图 3-6 VMD-互相关系数算法降噪过程（续）

VMD-互相关系数算法筛选有效 IMF 分量的步骤如下：

1）从 $K = 3$ 开始计算 VMD 分解后的相邻 IMF 分量之差的绝对值 Δ，直至 $\Delta<200$，分解结束，得到各 IMF 分量的中心频率见表3-1、表3-2。由表3-1可知，当 $K = 7$，$\Delta = |1149.6-1314.4| = 164.8 < 200$，因此，$K_A = 7$。由表3-2可知，当

$K=7$,$\Delta=|1178.0-1352.3|=174.3<200$,因此,$K_B=7$。

表 3-1 $x_A(t)$ 的各 IMF 分量的中心频率

K	中心频率 /Hz						
	IMF1	IMF2	IMF3	IMF4	IMF5	IMF6	IMF7
3	1214.9	1502.6	0	—	—	—	—
4	558.6	1255.4	1645.6	0	—	—	—
5	572.4	1218.6	1466.2	1678.6	0	—	—
6	552.7	843.7	1218.9	1445.5	1694.4	0	—
7	551.7	818.6	1149.6	1314.4	1523.9	1723.2	0

表 3-2 $x_B(t)$ 的各 IMF 分量的中心频率

K	中心频率 /Hz						
	IMF1	IMF2	IMF3	IMF4	IMF5	IMF6	IMF7
3	1245.0	1581.8	0	—	—	—	—
4	557.0	1265.9	1645.1	0	—	—	—
5	574.2	1225.3	1492.8	1698.7	0	—	—
6	553.3	854.0	1184.7	1420.0	1701.8	0	—
7	553.0	836.3	1178.0	1352.3	1544.6	1715.3	0

2)计算 $x_A(t)$ 各 IMF 分量与 $x_A(t)$ 的互相关系数,见表 3-3;计算 $x_B(t)$ 各 IMF 分量与 $x_B(t)$ 的互相关系数,见表 3-4。由表 3-3 可知,最大互相关系数为 0.6206,最大互相关系数的一半为 0.3103,选择互相关系数大于 0.3103 的 IMF 分量重构,因此,$x_A(t)$ 选择 IMF3、IMF4、IMF5、IMF6、IMF7 重构。由表 3-4 可知,最大互相关系数为 0.5659,最大互相关系数的一半约为 0.2830,选择互相关系数大于 0.2830 的 IMF 分量重构,因此,$x_B(t)$ 选择 IMF3、IMF4、IMF5、IMF6、IMF7 重构。

表 3-3 $x_A(t)$ 的各 IMF 分量与 $x_A(t)$ 的互相关系数

K	互相关系数						
	IMF1	IMF2	IMF3	IMF4	IMF5	IMF6	IMF7
7	0.1855	0.1586	0.5061	0.5470	0.5683	0.5151	0.6206

表 3-4 $x_B(t)$ 的各 IMF 分量与 $x_B(t)$ 的互相关系数

K	互相关系数						
	IMF1	IMF2	IMF3	IMF4	IMF5	IMF6	IMF7
7	0.1898	0.1561	0.5512	0.5334	0.5659	0.5295	0.5121

由图 3-6a、e 可知，$x_A(t)$ 经过 VMD-互相关系数算法降噪后，振幅没有发生变化；由图 3-6b、f 可知，$x_B(t)$ 经过 VMD-互相关系数算法降噪后，振幅也没有发生变化。因此，VMD-互相关系数算法降噪性能较差。由图 3-6g 可知，两路泄漏模拟信号经过 VMD-互相关系数算法降噪后，互相关系数峰值约为 0.08。根据表 3-1 可知，互相关系数在 0~0.30 之间，属于微相关，时间差 $\Delta t' \approx 0.0033s$，模拟的时间差 $\Delta t = 0.0125s$，相对误差 $\delta = |0.0033 - 0.0125|/0.0125 = 73.6\%$。因此，VMD-互相关系数算法降噪性能较差，由于泄漏模拟信号中的噪声能量较高，VMD-互相关系数算法将含有噪声的 IMF 分量作为泄漏信号进行重构，将能量较低的含有泄漏信号的 IMF 分量当作噪声进行抑制，泄漏信号中仍然夹杂着大量噪声，导致泄漏定位误差仍然较大。

3.4.3　VMD-希尔伯特变换算法

对泄漏模拟信号 $x_A(t)$ 和 $x_B(t)$ 使用 VMD-希尔伯特变换算法进行降噪，VMD-希尔伯特变换算法降噪过程如图 3-7 所示。其中，图 3-7a 所示为泄漏模拟信号 $x_A(t)$，图 3-7b 所示为泄漏模拟信号 $x_B(t)$，图 3-7c 所示为 $x_A(t)$ 的希尔伯特边际谱，图 3-7d 所示为 $x_B(t)$ 的希尔伯特边际谱，图 3-7e 所示为重构信号的互相关系数 h，图 3-7f 所示为低频重构信号的互相关系数 h_1，图 3-7g 所示为高频重构信号的互相关系数 h_2，图 3-7h 所示为 $x_A(t)$ 降噪后的信号，图 3-7i 所示为 $x_B(t)$ 降噪后的信号，图 3-7j 所示为降噪后两路信号的互相关系数。

VMD-希尔伯特变换算法降噪的步骤如下：

第一步：与 3.4.2 小节 VMD 分解步骤相同，经过计算得 $K_A = 7$，$K_B = 7$。IMF 分量经过希尔伯特边际谱分析，由图 3-7c 可知，IMF4 为振幅最大的分量，振幅大于最大振幅一半的分量为 IMF3、IMF4、IMF5、IMF6。由图 3-7d 可知，IMF4 为振幅最大的分量，振幅大于最大振幅一半的分量为 IMF3、IMF4、IMF5、IMF6。因此，泄漏模拟信号 $x_A(t)$ 选择 IMF3、IMF4、IMF5、IMF6 重构，泄漏模拟信号 $x_B(t)$ 选择 IMF3、IMF4、IMF5、IMF6 重构。

第二步：重构信号互相关系数 $0.08 < 0.3$，所以泄漏模拟信号中存在高能量噪声。低频带（0~1000Hz）IMF 分量重构信号互相关系数 $|h_1| = 0.54$，高频带（1000~2000Hz）IMF 分量重构信号互相关系数 $h_2 = 0.08$，由于 $h_1 > h_2$，所以高能量噪声存在于高频带，将低频带（0~1000Hz）IMF 分量进行重构。

第三步：重构信号通过切比雪夫滤波器进行低通滤波，设置7种通带，每种通带带宽为100Hz，得到7个不同的降噪信号，计算它们的互相关系数，选择互相关系数最大的一组重构作为降噪信号。

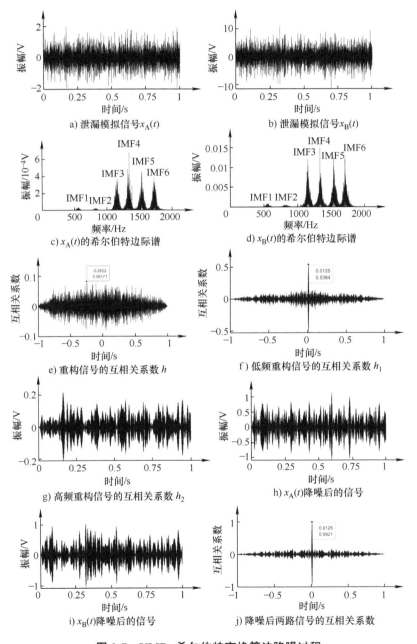

图 3-7 VMD-希尔伯特变换算法降噪过程

对比图 3-7a、h 可知，泄漏模拟信号 $x_A(t)$ 经过 VMD-希尔伯特变换算法降噪后，振幅从 –2～2V 下降到 –1～1V；由图 3-7b、i 可知，泄漏模拟信号 $x_B(t)$ 经过 VMD-希尔伯特变换算法降噪后，振幅从 –10～10V 下降到 –1～1V。因此，VMD-希尔伯特变换算法具有良好的降噪性能。由图 3-7j 可知，泄漏模拟信号 $x_A(t)$ 和 $x_B(t)$ 经过 VMD-希尔伯特变换算法降噪后，互相关系数峰值约为 0.99。根据表 3-1 可知，互相关系数在 0.80～1.00 之间，属于高度相关，时间差 $\Delta t' = 0.0125$s，模拟的时间差 $\Delta t = 0.0125$s，相对误差 $\delta = |0.0125 – 0.0125|/0.0125 = 0$。与 VMD-互相关系数算法相比，VMD-希尔伯特变换算法将互相关系数从 0.08 提高到了 0.99。因此，VMD-希尔伯特变换算法能够有效地抑制信号中的噪声，大幅降低了泄漏定位相对误差。

为了更直观地了解泄漏模拟信号 $x_A(t)$ 和 $x_B(t)$ 降噪前后的频率分布，采用快速傅里叶变换（fast fourier transform，FFT）对信号进行处理，如图 3-8 所示。其中，图 3-8a 所示为泄漏模拟信号 $x_A(t)$ 降噪前的频谱，图 3-8b 所示为泄漏模拟信号 $x_B(t)$ 降噪前频谱，图 3-8c 所示为泄漏模拟信号 $x_A(t)$ 降噪后的频谱，图 3-8d 所示为泄漏模拟信号 $x_B(t)$ 降噪后的频谱。由图 3-8a、c 可知，泄漏模拟信号 $x_A(t)$ 经过 VMD-希尔伯特变换算法降噪后，信号中的高频高能量噪声被抑制了，低频低能量噪声也被抑制了。由图 3-8b、d 可知，泄漏模拟信号 $x_B(t)$ 经过 VMD-希尔伯特变换算法降噪后，信号中的高频高能量噪声被抑制了，低频低能量噪声也被抑制了。因此，VMD-希尔伯特变换算法具有很强的降噪性能。

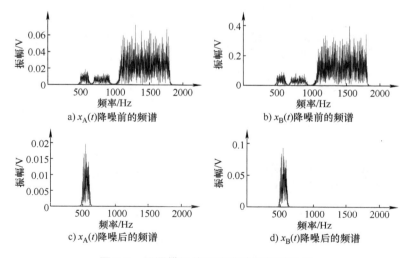

图 3-8　泄漏模拟信号降噪前后频谱分析

3.5 本章小结

输水管道声发射传感器与压力传感器一样，采集到的管道声发射信号会叠加各种噪声，这些噪声会对泄漏识别和泄漏定位产生不利影响。本章首先介绍了声信号中噪声的构成成分，这些成分包括：电路噪声、环境噪声和管内噪声。通过对两路声发射传感器采集到的泄漏声发射信号直接进行相关性分析发现，噪声对管道泄漏识别及泄漏点定位会带来极其不利的影响，这说明了对管道压力信号降噪的必要性。为了实现声发射信号的降噪，本章介绍了VMD-互相关系数算法和VMD-希尔伯特变换算法两种声发射信号降噪算法。通过构造仿真信号验证了这两种方法的性能，为后续的泄漏识别及泄漏点定位的声发射技术试验研究奠定了基础。

第 4 章　输水管道泄漏识别和泄漏点定位方法

第 2 章、第 3 章分别介绍了负压波信号降噪和声发射信号降噪的相关理论和方法，并利用各种方法对构造的仿真信号降噪，从而实现性能的验证。为了进一步验证算法性能，本章将通过搭建输水管道泄漏识别及定位试验平台，进行输水管道泄漏识别和泄漏点定位方法的相关研究。

4.1　基于负压波信号的输水管道泄漏识别与泄漏点定位

4.1.1　试验设备

1. 传感器

传感器能将感应到的外界信息按照特定的规律转化为其他形式的信息。压力传感器的作用是实现对输水管道压力信号的获取，所选择传感器的核心参数决定了管道泄漏检测系统的基本性能。根据实际输水管道的检测需求，在选择传感器型号时需要考虑以下几个参数：

（1）量程　输水管道的压力会在一定范围内波动，因此需要选择合适的量程以提升检测性能。

（2）频率响应　管道压力信号整体处于较低的频段，但其存在大量频率较高的正常压力波动。负压波拐点的提取依靠压力信号细节，因此需要选择合适频率响应的压力传感器以保证信号不失真。

（3）精度　传感器的精度越高，数据采集的结果越准确，采集的信号质量也越好。但随着传感器精度的提升，其成本也将大幅增加。实际上，泄漏检测定位要求的是检测管道压力的变化趋势，以及泄漏导致压力下降的准确时刻，因此传感器的精度只要达到使用需求即可。

（4）安装方式　输水管道通常在阀门井内配有三通接口，因此可以安装配有外螺纹的传感器。

综合考虑各项指标后，本书选择 HM90 高频动态压力传感器采集输水管道压力信号，其主要参数见表4-1。

表4-1 压力传感器的主要参数

型号	HM90-H1-2-V2-F2-W1-T
量程	0~0.6MPa
输出	0~5V
供电	DC 12V
精度	0.25%
频率响应	2kHz
分辨率	0.005%
安装方式	G1/4 外螺纹

2. 数据采集卡

本书使用 USB3100 数据采集卡采集传感器输出的包含压力信息的电信号，其主要参数见表4-2。

表4-2 数据采集卡的主要参数

ADC 分辨率	12 位（bit）
输入通道	8 通道（RSE[①]）
输入量程采样率	±10V 单通道最高 20kS[②]/s
供电	USB 总线 5V
安装方式	平面安装

① RSE（Reference Single-Ended）表示该输入通道的信号通过系统接地端进行连接。
② S 表示 samples，即样本数。

3. 太阳能供电设备

HM90 压力传感器需要外接电源供电，因此配置了一套太阳能设备对其提供电源。太阳能供电设备由太阳能板、控制器以及蓄电池三部分组成。太阳能板为蓄电池充电，蓄电池为压力传感器提供 DC 12V 电源，控制器可以对压力传感器进行开关操作。

4. 管道设备

试验管道材料为 Q235B，管道内径有 0.125m 和 0.08m 两种，壁厚为 3mm。

4.1.2 整体试验系统

试验系统的原理如图4-1所示。试验管道由外接自来水管供水，这使试验系统中的压力信号与城市输水管道中的压力信号一致，即有相同的压力变化趋势以及压力大小。最左侧的阀门能控制试验管道是否供水。试验管道的两端分别安装有压力传感器 A 和压力传感器 B 用以采集管内压力信号。在管道的多个位置安装有水龙头,将其打开可以模拟泄漏,通过调整阀口开度大小模拟泄漏面积的变化。太阳能板为蓄电池充电,蓄电池为传感器提供电源。数据采集卡由上位机提供电源,并将采集的传感器数据上传至上位机,信号采样频率为 500Hz。试验管道设备和传感器如图 4-2 所示。其中,$d_1 = 0.125$m 代表该试验管道内径为 0.125m,$d_2 = 0.08$m 代表该试验管道内径为 0.08m。信号处理设备和供电设备如图 4-3 所示。

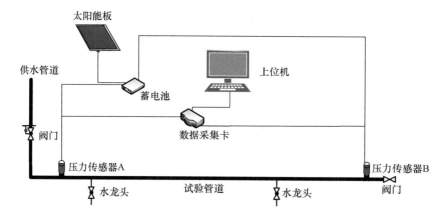

图 4-1 试验系统的原理

图 4-2 试验管道设备和传感器

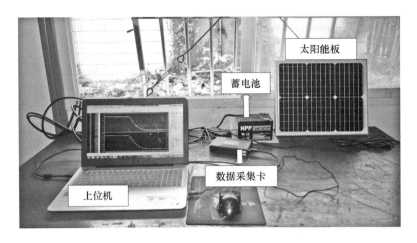

图 4-3 信号处理设备和供电设备

4.1.3 泄漏定位试验设计

为了验证本书前面章节所介绍的泄漏检测与定位方法，设计了泄漏模拟试验，并分为两个部分进行。在第一部分试验中，试验管道长度为 17.34m，管道内径均为 $d_1 = 0.08$m。在第二部分试验中，试验管道长度为 17.48m，管道内径在 5.47m 处由 d_1 扩张至 $d_2 = 0.125$m，然后在 11.54m 处再由 d_2 收缩至 d_1。为了便于描述，将这两部分试验分别记为管道条件 1 和管道条件 2。每个管道条件均布置了两个泄漏点，每个泄漏点均包含两个不同的泄漏面积（25mm² 和 57mm²），通过打开水龙头模拟泄漏。各管道条件的泄漏定位试验布置见表 4-3。其中，L 是两个传感器之间的试验管道长度，L_A 是泄漏点与传感器 A 的实际距离，S 为泄漏孔的面积。

表 4-3 泄漏定位试验布置

管道条件	L/m	L_A/m	S/mm²
1	17.34	2.47	25
			57
		8.47	25
			57
2	17.48	2.47	25
			57
		14.61	25
			57

4.2 基于负压波信号管道泄漏识别与泄漏点定位方法

4.2.1 基于 VMD 的泄漏定位

1. 负压波拐点提取原理

泄漏发生后,压力连续下降前的转折点被认为是负压波拐点,它包含与泄漏位置有关的重要信息。通过准确提取此拐点,可以实现有效的泄漏定位。用于提取拐点的细节信息主要包含在信号的高频分量中,因此需要分解负压波信号以提取这些细节。然而,输水管道压力信号的特性随时间发生着快速变化,传统方法在分解此类信号时存在缺乏自适应性、鲁棒性差等缺陷。为了解决这些问题,本书介绍一种新颖的基于 VMD 的负压波拐点提取方法,此方法利用 VMD 分解负压波信号来提取拐点的细节信息。

首先,通过本书 2.2 节介绍的方法实现负压波信号降噪。然后,采用 VMD 方法对降噪信号进行分解。以分解模态数量为 3 个为例,IMF1～IMF3 的频率依次递减。如图 4-4 所示,相对高频的分量 IMF1、IMF2 反映了信号的细节,而最低频率分量 IMF3 代表了负压波的整体轮廓。在高频分量中,负压波信号的突变表现为一系列峰值,而拐点处的突变最为剧烈,表现为高频分量中的最大峰值。因此,只要计算出最大峰值的位置就可以得到负压波拐点。

完成信号分解后,提取负压波拐点的具体步骤如下:

第一步:移除反映信号轮廓的最低频率 IMF(在图 4-4 中为 IMF3)。

第二步:为了充分保留拐点细节,直接重构剩余分量。

第三步:得到能表征拐点特征的细节信号。

如图 4-5 所示,细节信号的最大峰值准确地反映了拐点位置。因此,可以利用峰值计算来提取负压波拐点。

在提取负压波拐点时,VMD 仍须预先设定分解模态数量 K。如果 K 太小,则无法有效分离信号中的有用细节特征;反之,信号过度分解会引入过多无效分量。因此,有必要在 VMD 分离负压波拐点细节信息时再次优化 K。

2. 基于峭度的 VMD 参数优化

峭度是用来描述信号分布特征的数值指标,是衡量波形尖锐程度的无量纲参数,其数学表达式为

第 4 章 输水管道泄漏识别和泄漏点定位方法

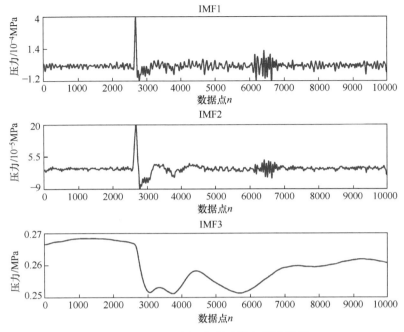

图 4-4 VMD 分解降噪后的负压波信号

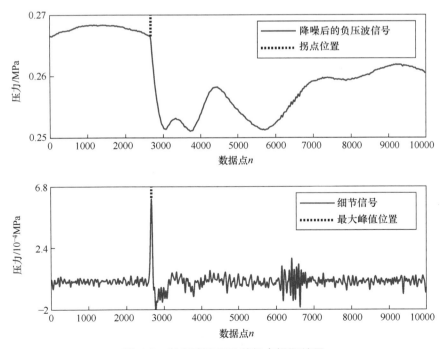

图 4-5 负压波信号及其拐点提取结果

$$K_u = \frac{E(x-\mu)^4}{\sigma^4} \tag{4-1}$$

式中　K_u——峭度值；

　　　μ——信号 x 的平均值；

　　$E(x-\mu)^4$——$(x-\mu)^4$ 的期望值；

　　　σ——信号 x 的标准差。

当 K_u 约等于 3 时，信号幅值接近正态分布；当 K_u 小于 3 时，信号曲线趋于平坦，其峰值低于正态分布曲线；当 K_u 大于 3 时，信号曲线趋于陡峭，其峰值高于正态分布曲线。因此，K_u 越大，信号曲线越陡峭，峰值越明显。类似地，随着峭度增加，重构的细节信号在负压波拐点处会有更明显的最大峰值，而最大峰值越明显，越有助于拐点的准确提取。基于此，本节在利用 VMD 提取负压波拐点时，根据最大峭度选择最优细节信号和最优分解模态数量 K。

综上所述，本书提出一种基于峰值的负压波拐点提取方法（inflection point extraction based on peak，IPEP），该方法的实现步骤如下：

第一步：输入降噪后的负压波信号 $s(t)$。初始化 VMD 参数，设定分解模态数量 K 的搜索范围为 [2,15]，步长为 1；惩罚因子 α 为 2000。

第二步：VMD 将 $s(t)$ 分解为 K 个 IMF 分量。移除最低频的 IMF，重构剩余高频分量。在 [2,15] 的范围内完成搜索后，得到 14 个重构的细节信号。

第三步：计算所有细节信号的峭度值，最大峭度对应的即为最优细节信号和最优 K。

第四步：计算最优细节信号最大峰值的位置，得到负压波拐点。

为了验证所提出方法的优势，本节将对比小波方法以及 EMD 方法对负压波拐点的提取效果。小波方法使用"db2"小波进行 5 层分解，重构信号的高频成分后，根据模最大值提取负压波拐点。EMD 提取拐点的方法与本小节"1"中介绍的方法相同。

3. 仿真实验

为了验证 IPEP 方法的可行性，通过式（4-2）构建了一个仿真信号。

$$f(n) = \begin{cases} 10, & 1 \leq n < 4000 \\ -0.0005n + 12, & 4000 \leq n \leq 6000 \\ 9, & 6000 < n \leq 10000 \end{cases} \tag{4-2}$$

如图4-6所示,此信号的拐点设置在点4000处,另有一处突变在点6000处。利用三种方法提取仿真信号拐点。

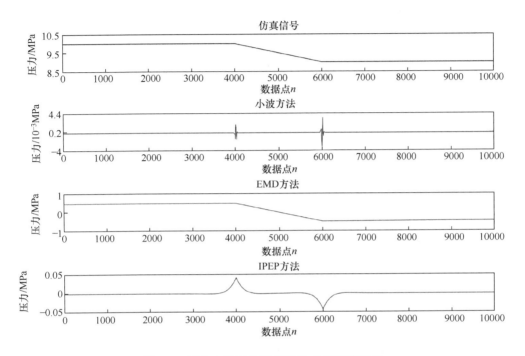

图 4-6 三种方法对仿真信号拐点提取的结果

在图4-6中,小波方法的模最大值在点6018处,这与6000处的突变点较为接近,但未能提取出正确拐点。虽然在点4010处也得到了一个极值,但其与真正的拐点存在10个点的误差。此外,由于该点的极值较小,在实际应用中难以设定选择标准。EMD方法得到的信号曲线与仿真信号相似,没有提取出拐点的细节。IPEP方法在点4000处获得了明显的最大峰值,准确提取了仿真信号的拐点。与其他两种方法相比,IPEP方法可以更有效地提取拐点细节,获得更高的计算精度。

小波方法在提取拐点时,容易受到信号中其他突变成分的干扰。因此,可能提取出错误的拐点。此外,小波方法对信号突变位置提取的准确性取决于选择的小波类型和分解模态数量。受模态混叠的影响,EMD方法难以有效提取拐点细节。IPEP拐点提取方法具有良好的自适应性,能在拐点处获得唯一且明显的最大峰值,特别适合于负压波拐点的提取。

4. 实测负压波信号的拐点提取

首先对传感器采集的原始负压波信号进行了拐点提取,以分析噪声带来的影响。三种方法对原始负压波信号拐点提取的结果如图 4-7 所示。

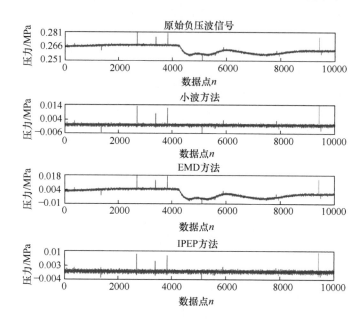

图 4-7　三种方法对原始负压波信号拐点提取的结果

在图 4-7 中,小波方法和本节介绍的 IPEP 方法在数据点 2000～4000 之间获得了三个明显的峰值,在 9000～10000 之间也存在一个明显的峰值。这些峰值正好与原始信号中的突发干扰相对应,而 4000～5000 之间真正的负压波拐点已经完全被干扰掩盖。EMD 方法存在模态混叠,未能提取原始信号的细节。

与负压波拐点相比,原始信号中的突发干扰具有更为剧烈的突变,真正的拐点很容易被这些突变所掩盖,泄漏定位也难以进行。因此,对负压波信号降噪的必要性再次得到了验证。

本书中 EMD 方法降噪后的信号已经失真,难以应用于负压波信号的拐点提取。因此,下面仅对比了本书 2.2 节介绍的降噪方法以及小波方法降噪后的负压波拐点提取效果。

首先,利用小波方法对原始负压波信号降噪;然后,按照本小节"1"中的方法对信号进行分解和重构;最后,利用本小节"2"中介绍的方法搜索最优 K 和最优细节信号。各 K 值对应细节信号的峭度如图 4-8 所示,当 K 为 12 时,峭度达到最大值 10.36。此时，细节信号的最大峰值最为清晰，最有利于负压波拐点的准确提取。

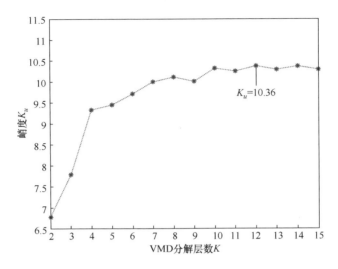

图 4-8 各 K 值对应细节信号的峭度

在筛选出最优细节信号后，根据其最大峰值即可提取负压波拐点。为了验证 IPEP 方法的优势，与小波方法提取拐点的结果进行了对比。图 4-9 所示为小波降噪后传感器 A 负压波信号的拐点提取结果，图 4-10 所示为小波降噪后传感器 B 负压波信号的拐点提取结果。类似于图 4-7，EMD 方法存在模态混叠问题，无法提取负压波信号的细节。因此，该方法的结果不再展示。

在图 4-9 中，降噪后的负压波信号在数据点 2000～4000 以及 9000～10000 间存在三处强的突发干扰。小波方法得到的模最大值在 2000～3000 之间的突发干扰处，负压波的实际拐点已经完全被噪声掩盖。IPEP 方法能在拐点区域观察到明显的峰值，但最大峰值仍然在 2000～3000 之间的突发干扰处。因此，两种方法都因干扰过大而无法提取正确的拐点。

在图 4-10 中，小波方法的模最大值在 7000～8000 之间，对应于负压波信号的突发干扰处。降噪后的信号存在大量小波动，这使小波方法在拐点区域提取出许多幅值相近的极值点，难以识别出表征拐点的峰值，该方法受到了小噪声的严重干扰。尽管有这些小噪声干扰，IPEP 方法仍然获得了清晰的最大峰值，很容易就能提取出正确的负压波拐点。因此，与小波方法相比，IPEP 拐点提取方法对小噪声具有更好的鲁棒性。

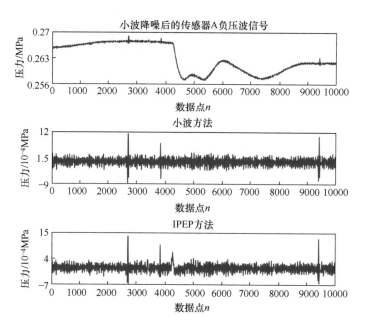

图 4-9 小波降噪后传感器 A 负压波信号的拐点提取结果

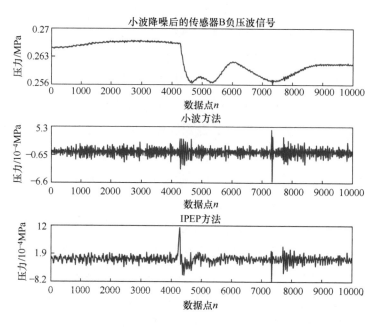

图 4-10 小波降噪后传感器 B 负压波信号的拐点提取结果

完成小波降噪后拐点提取的分析后，采用本书 2.1 节中介绍的基于 VMD 的降噪方法处理原始负压波信号并提取其拐点，两个传感器负压波信号的拐点提取结果分别如图 4-11 和图 4-12 所示。

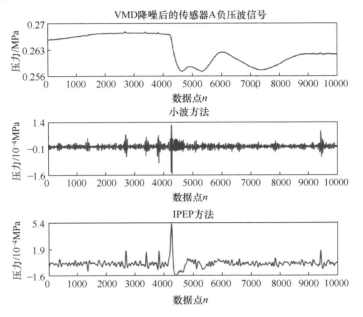

图 4-11　VMD 降噪后传感器 A 负压波信号的拐点提取结果

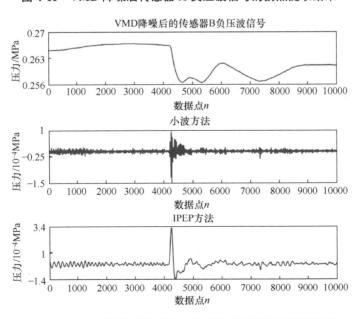

图 4-12　VMD 降噪后传感器 B 负压波信号的拐点提取结果

在图 4-11 和图 4-12 中，小波方法能观察到拐点所在的大致区域，这证明了基于 VMD 的降噪方法获得了比图 4-9 和图 4-10 更好的降噪效果，更有效地抑制了原始信号中的突发干扰。然而，小波方法在拐点区域获得了多个幅值相近的极值，真正的拐点难以辨别。在实际应用中，这些极值会增加拐点提取的误差，降低泄漏定位的准确度。IPEP 方法获得的细节信号受到了更少的干扰，在拐点位置获得了唯一且清晰的最大峰值，很容易就能提取出真实的负压波拐点。因此，相比小波方法，IPEP 方法更有利于拐点的准确提取。

在提取出负压波拐点后，下一步将进行管道泄漏定位。

假设传感器 A 所采集负压波的拐点为 n_1，传感器 B 所采集负压波的拐点为 n_2，那么，这两个信号之间的时间差 Δt 可由式（4-3）计算。

$$\Delta t = \frac{n_1 - n_2}{f} \tag{4-3}$$

式中　f——信号的采样频率（Hz），f 取 500Hz。

在图 4-11 和图 4-12 中，小波方法获得的 n_1 和 n_2 均为 4290，代入式（4-3）得到 $\Delta t = 0$s。传感器 A 和传感器 B 的距离为 17.34m。将 Δt 代入第 1 章的泄漏定位式（1-1），计算得到泄漏点与传感器 A 的距离为 $L'_A = 8.67$m。泄漏点与传感器 A 的实际距离 L_A 为 2.47m，因此绝对定位误差为 6.2m，相对定位误差为 35.76%。IPEP 方法获得的 n_1 和 n_2 分别为 4258 和 4264，根据前述计算方法，得到 $L'_A = 2.07$m，因此绝对定位误差为 0.4m，相对误差为 2.31%。

为了进一步验证 IPEP 方法，对表 4-3 中的泄漏点定位。首先，通过本书 2.2 节提出的基于 VMD 的降噪方法对原始负压波信号降噪；然后，通过小波方法和 IPEP 的拐点提取方法提取负压波拐点；最后，利用提取的拐点计算时间差定位泄漏位置。泄漏定位结果见表 4-4。其中，L 代表两个传感器之间的试验管道长度；L_A 代表泄漏点与传感器 A 之间的真实距离；S 代表泄漏孔的面积；X_1 和 X_2 分别是小波方法和 IPEP 泄漏定位结果；RE_1 为小波方法定位的相对误差；RE_2 为 IPEP 方法定位的相对误差。

表 4-4 中小波方法的最小相对定位误差为 35.76%，误差较大时无法定位泄漏。IPEP 方法的最小相对定位误差为 2.31%，最大相对定位误差为 10.7%。与小波方法相比，IPEP 方法具有更高的定位精度和更稳定的结果。小波方法的处理效果依赖于经验参数，并且容易受到噪声干扰，该方法对具有非平稳特性的负

压波信号适用性较差。IPEP 方法自适应地实现了负压波信号的降噪和拐点提取，对小噪声具有良好的鲁棒性。因此，IPEP 方法实现了有效的泄漏定位。

表 4-4 泄漏定位结果

管道条件	L/m	L_A/m	S/mm^2	X_1/m	RE_1（%）	X_2/m	RE_2（%）
1	17.34	2.47	25	8.67	35.76	2.07	2.31
			57	No	No	0.97	8.65
		8.47	25	No	No	9.77	7.5
			57	No	No	7.57	5.19
2	17.48	2.47	25	8.74	35.87	3.24	4.41
			57	8.74	35.87	4.34	10.7
		14.61	25	No	No	13.14	8.41
			57	No	No	15.34	4.18

在管道条件 2 中，与传感器 A 距离 14.61m 的泄漏点靠近试验管道末端的阀门。此外，试验管道的横截面存在扩张和收缩。因此，泄漏不可避免地会产生一系列反射波，这些反射波会叠加在泄漏后的压降曲线上。如图 4-13 中灰色部分所示，泄漏发生后，压力信号受到了强烈的干扰。尽管如此，IPEP 方法仍然获得了明显的最大峰值，并且准确地提取了负压波拐点。然而，与图 4-12 的结果相比，图 4-13 中的降噪信号存在许多小的波动，提取的细节信号在拐点附近受到了更大干扰。因此，泄漏引发的反射波会影响负压波信号的处理效果。在更复杂的管道条件下，极端反射波可能表现为细节信号中的最大峰值。此时，真正的负压波拐点将变得难以提取。

一些学者研究了复杂管道条件下的泄漏检测方法。Lay-Ekuakille 等首次引入滤波器对角化方法（filter diagonalization method，FDM）来解决泄漏检测问题。他们在弯管和受交通振动干扰等复杂条件下实现了最大误差为 0.676m 的泄漏定位。Lay-Ekuakille 等首次应用已确定近似值技术（decimated padè approximant，DPA）和抽取线性预测器（decimated linear predictor，DLP）来搜索与管道中泄漏对应的频率峰值。在低压、小管道以及弯管配置的条件下，DPA 和 DLP 在处理大量数据方面发挥了各自的优势。这些方法在频域分析泄漏位置，实现了较高的定位精度。IPEP 方法是在时域中提取拐点来定位泄漏。与频域方法相比，IPEP 方法提取的泄漏特征不同，这使两种方法受到的干扰和泄漏定位的效果不同。因此，这两种方法各自适用的泄漏定位条件存在差异。

在未来，有必要进一步研究 IPEP 方法在复杂管道条件下的应用效果，并与频域方法进行比较。

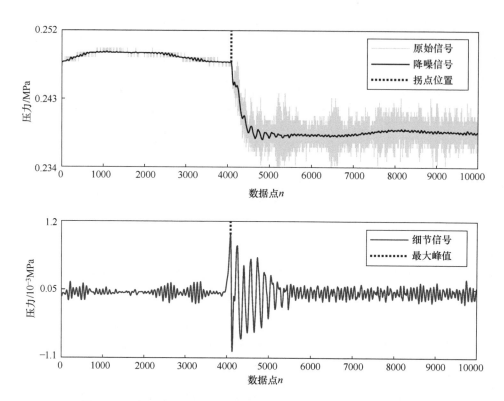

图 4-13　受到一系列反射波干扰的负压波信号及其信号处理结果

4.2.2　基于改进变分模态分解的泄漏定位

1. 基于联合降噪后的负压波拐点提取

正如前文所述，泄漏发生后，压降拐点携带了与泄漏位置相关的重要信息，为了有效地定位泄漏位置，需要准确地提取拐点。由于拐点所包含的细节信息主要存在于压力下降的一段压降信号中，所以可采用对负压波信号进行分解以提取这些细节信息。

采用 2.4 节介绍的方法对泄漏引发的负压波信号降噪，同样地，也使用 VMD 对降噪后的泄漏信号分解（分解模态数量为 3 个）。降噪后的泄漏信号分解结果如图 4-14 所示。

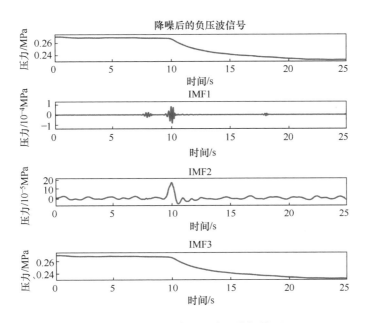

图 4-14　降噪后的泄漏信号分解结果

观察图 4-14 可知，IMF1～IMF3 频率由高到低排布，最低频率的 IMF3 反映了泄漏信号的整体轮廓，而相对高频的 IMF1、IMF2 反映了泄漏信号的细节特征。其中次低频分量 IMF2 可以很好地反映泄漏时刻的拐点信息。负压波信号的突变以一系列振幅较大的波动值出现，其中泄漏拐点处的突变最为剧烈，表现为 IMF2 中的最大峰值。通过计算该最大峰值的位置，可以确定泄漏时刻拐点位置。这一结论和上一小节的结论一致。因此，本小节将介绍一种泄漏引发负压波压力下降拐点提取方法：选用信号分解后的次低频分量重构得到细节信号，然后对细节信号进行最大峰值计算得到泄漏拐点。为了自适应地确定泄漏信号分解模态数量和惩罚因子的最优组合，将采用本书 2.4.2 小节提出的 NVMD 对降噪后的泄漏信号进行模态分解，以提取包含负压波拐点的细节信息。负压波拐点提取步骤如下：

第一步：对降噪后的泄漏信号采用 NVMD 进行分解。

第二步：重构次低频分量得到细节信号。

第三步：计算细节信号的最大峰值得到负压波拐点。

以上述步骤对降噪后的泄漏信号进行提取负压波拐点处理，降噪后的信号和细节信号如图 4-15 所示。

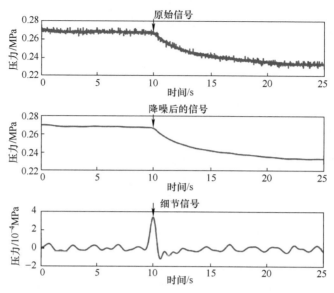

图 4-15　降噪后的信号和细节信号（箭头指示为最大峰值）

从图 4-15 可以看出，本小节介绍的负压波拐点提取方法可以有效地提取泄漏时刻的拐点信息，为泄漏点定位奠定了良好的基础。

2. 泄漏信号联合降噪

采用本书 2.4.2 小节所提出的联合降噪算法对实验室采集的泄漏信号进行降噪处理，将传感器采集到的泄漏信号（以传感器 A 采集到的泄漏信号 x_A 为例）输入到 NVMD 中，NVMD 的目标函数曲线如图 4-16 所示。

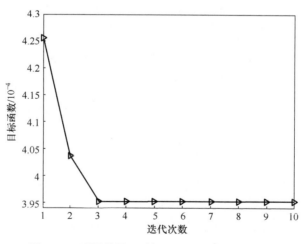

图 4-16　泄漏信号 x_A 的 NVMD 目标函数曲线

从图 4-16 可以看出，当种群迭代到第 3 次时达到收敛，此时所得到的目标函数值为 3.9525×10^{-4}，$K = 10$，$\alpha = 2500$。以该最优分解参数组合对泄漏信号进行 VMD 分解，计算各 IMF 分量与 x_A 的互相关系数，其结果见表 4-5。

表 4-5　各 IMF 分量与 x_A 的互相关系数

固有模态函数	互相关系数	固有模态函数	互相关系数
IMF1	-4.25×10^{-4}	IMF6	9.40×10^{-4}
IMF2	-5.53×10^{-5}	IMF7	1.72×10^{-4}
IMF3	4.72×10^{-4}	IMF8	8.61×10^{-4}
IMF4	8.11×10^{-5}	IMF9	0.0027
IMF5	2.50×10^{-4}	IMF10	0.9996

从表 4-5 可知，IMF10 为有效分量，其余为噪声分量。利用 NWTD 对 IMF10 进行二次去噪，NWTD 的目标函数曲线如图 4-17 所示。

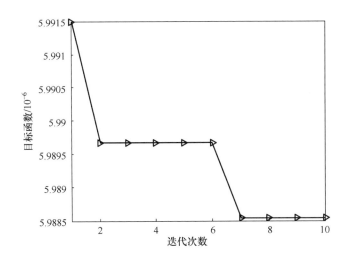

图 4-17　泄漏信号 x_A 的 NWTD 目标函数曲线

从图 4-17 中可以看出，当种群迭代到第 7 次时达到收敛，此时的目标函数值为 5.9886×10^{-6}。根据目标函数，最优参数小波基为 db3，分解模态数量为 6 个。利用这些最优参数对噪声分量进行二次去噪，将二次去噪后的分量和有效分量进行重构完成联合降噪，得到最终降噪后的信号。原始泄漏信号 x_A 和联合降噪泄漏信号 x'_A 对比如图 4-18 所示。

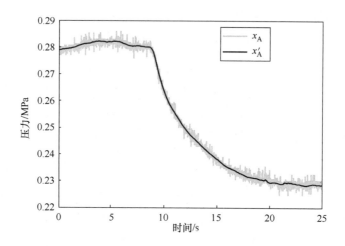

图 4-18 原始泄漏信号 x_A 和联合降噪泄漏信号 x'_A 对比

以同样的方法对传感器 B 采集的泄漏信号 x_B 进行降噪处理,得到的原始泄漏信号 x_B 和联合降噪泄漏信号 x'_B 对比如图 4-19 所示。

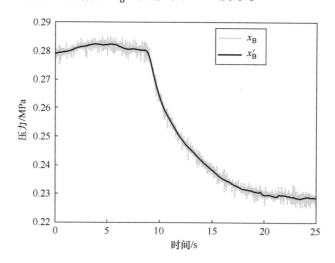

图 4-19 原始泄漏信号 x_B 和联合降噪泄漏信号 x'_B 对比

3. 泄漏点定位

经过联合降噪后得到泄漏信号 x'_A 和 x'_B,下面将采用本小节前面"1"中介绍方法对负压波拐点进行提取。仍以降噪泄漏信号 x'_A 为例,将其利用 NVMD 进行分解,NVMD 的目标函数曲线如图 4-20 所示。

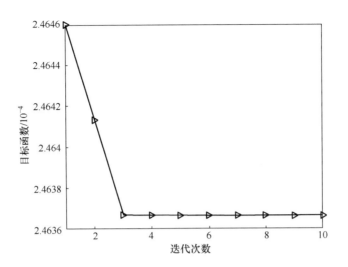

图 4-20 降噪泄漏信号 x'_A 的 NVMD 目标函数曲线

从图 4-20 中可知,当种群迭代到第 3 次时达到收敛,此时所得到的目标函数值为 0.000246367,$K = 10$,$\alpha = 2405$。以该最优分解参数对信号进行 VMD 分解,重构次低频分量得到细节信号 x''_A,然后计算 x''_A 最大峰值位置,得到的最大峰值位置为 $t_1 = 8.946$s,细节信号 x''_A 和最大峰值如图 4-21 所示。

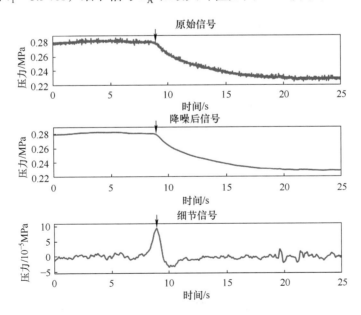

图 4-21 细节信号 x''_A 和最大峰值(箭头指示为最大峰值)

以同样的方法对降噪泄漏信号 x'_B 进行降噪处理，得到的最大峰值位置为 $t_2 =$ 8.952s，细节信号 x''_B 和最大峰值如图 4-22 所示。

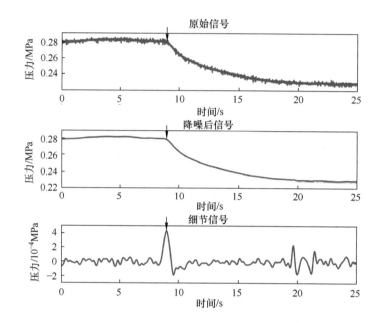

图 4-22　细节信号 x''_B 和最大峰值（箭头指示为最大峰值）

将得到的最大峰值位置代入式（1-1）和式（1-5）得到泄漏点位置。根据计算，泄漏点和传感器 A 之间的距离为 $L'_A = 10.93\text{m}$，而泄漏点和传感器 A 之间的实际距离为 10.12m，绝对定位误差为 0.81m，相对定位误差为 2.91%。

为了更好地验证本章所介绍的方法性能，对不同的泄漏点位置进行泄漏模拟试验。各 IMF 分量与 x_A 的互相关系数见表 4-6。其中，L 是两传感器间的距离，L_A 是泄漏点距离传感器的实际距离，L'_A 是计算出的距离，t_1 是传感器 A 采集到奇异点值的时间，t_2 是传感器 B 采集到奇异点值的时间，$\Delta t(=t_1-t_2)$ 为两路信号的时延，$\varepsilon(=|L'_A - L_A|)$ 是绝对误差，$\zeta(=\varepsilon/L)$ 是相对误差。

表 4-6　各 IMF 分量与 x_A 的互相关系数

L/m	泄漏点	编号	L_A/m	t_1/s	t_2/s	Δt/s	L'_A/m	ε/m	ζ（%）
27.86	1	1	4.01	7.168	7.188	−0.020	3.93	0.08	0.29
		2		9.230	9.248	−0.018	4.93	0.92	3.30
		3		11.480	11.500	−0.020	3.93	0.08	0.29

（续）

L/m	泄漏点	编号	L_A/m	t_1/s	t_2/s	Δt/s	L_A'/m	ε/m	ζ（%）
27.86	2	4	7.1	4.684	4.696	−0.012	7.93	0.83	2.98
		5		8.402	8.414	−0.012	7.93	0.83	2.98
		6		9.982	9.996	−0.014	6.93	0.17	0.61
	3	7	10.12	3.060	3.068	−0.008	9.93	0.19	0.68
		8		3.602	3.610	−0.008	9.93	0.19	0.68
		9		8.946	8.952	−0.006	10.93	0.81	2.91

由表 4-6 可知，试验一共包含 3 个模拟泄漏点共 9 组数据的定位结果，最大的相对误差为 3.30%，最小的相对误差为 0.29%，平均相对误差为 1.64%。造成这些误差的原因一方面是泄漏引发的负压波在输水管道中传播时，会随着距离的增加而逐渐衰减；另一方面是传感器采集到负压波信号后，传递该信号的过程中还存在误差，这些误差是不可避免的。分析表 4-6 的试验结果可知，本小节介绍的方法在保持原始信号波形的基础上具有很好的降噪效果，根据不同泄漏工况的最大峰值信号细节，实现了对泄漏点的有效定位。

4.2.3 基于负压波信号高频成分的泄漏定位

目前，基于计算的管道泄漏识别方法主要分为基于模型的方法和数据驱动的方法两大类。随着城市化进程加快，城市输水管道系统的结构和运行工况日益复杂，管道系统的建模难度日益增大。人工智能和大数据技术的快速发展，使得数据驱动方法被诸多学者应用于管道泄漏识别领域。该方法不需要考虑管道内部介质的流体力学模型，可以直接学习数据与管道运行工况之间的潜在关系，进而实现对泄漏的识别。

传统的数据驱动方法主要以统计学方法为主。该方法处理来自传感器的压力、流速、温度、声发射和管道中不同位置振动的数据，对管道正常运行的数据进行统计学分析，偏离该模式即为发生泄漏。前文介绍的两种方法都属于该范畴。深度神经网络以其强大的非线性映射能力超越了传统的数据驱动方法，被广泛应用于管道泄漏识别的研究中。基于负压波的管道泄漏识别准确度受多种因素的影响，尤其管道压力信号的非先验和非平稳特性，传统神经网络模型难以捕捉动态压力数据中反应的管道工况信息。在时间信号序列学习方面，单一的卷积神经网络（convolutional neural networks，CNN）仅对信号局部特征敏感，难以捕捉管道压力信号时间维度中信息之间的长依赖关系。循环神经网络（recurrent neural network，RNN）容易产生梯度消失和梯度爆炸等问题。单一的长短期记忆网络（long short-term memory，LSTM）以及门控循环单元（gated recurrent unit，GRU）能够学习信号的长时空特征，但容易出现局部信息丢失现象。

管道运行状态的信息不仅体现在压力信号的局部特征上，也体现在其长时空特征上。为更精确地通过压力信号识别管道的运行状态，本书在这一小节将提出一种结合注意力机制（attention mechanism，ATT）的卷积–门控循环单元（convolutional-gated recurrent unit combined with attention mechanism，CNN-GRU-ATT）管道泄漏识别方法。该方法首先利用CNN捕捉信号局部时空特征，其次使用GRU提取信号长依赖关系，两者相互弥补短板，同时GRU结合注意力机制，在学习中突出关键特征的影响，从而实现对管道运行状态的精准识别。

1. 结合注意力机制的卷积门控循环单元泄漏识别方法

（1）基本原理

1）CNN特征提取结构。CNN是受到生物过程的启发而形成的，是一类包含卷积计算且具有深度结构的前馈神经网络，它无须确定解析式便能够建立大量输入到输出的映射关系。CNN通常由输入层、卷积层、池化层、全连接层和输出层几个部分构成。CNN常规结构如图4-23所示。

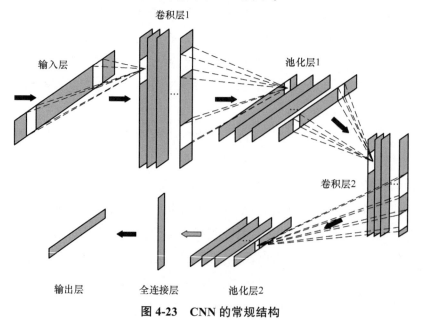

图4-23　CNN的常规结构

CNN 网络中最重要的结构为卷积层，该层负责将输入抽象为更高维特征。假设网络的第 ι 层为卷积层，该层的输出值 c_j^t 表示为式（4-4）。

$$c_j^t = \sigma\left(\sum_{i=1}^{k} x_i^t \Theta W_{ij}^t + b_j^t\right) \quad （4-4）$$

式中　c_j^t——ι 层的第 j 个卷积的输出值；

　　　σ——激活函数；

　　　k——输入特征向量的数量；

　　　x_i^t——ι 层的第 i 个输入值；

　　　Θ——逐乘算子；

　　　W_{ij}^t——卷积核权重；

　　　b_j^t——ι 层的第 j 个偏置向量。

2）GRU。GRU 是 LSTM 的变体，GRU 将 LSTM 的遗忘门与输入门合并为更新门。这导致 GRU 结构更简单，参数更少，在结构相似的前提下提高了网络的计算速度。遗忘门与输入门合并后，GRU 的控制门仅有更新门和重置门，更新门在时间维度上选择输入的信息中保留多少前一步的状态，重置门控制遗忘前一状态信息的程度。GRU 的结构如图 4-24 所示。

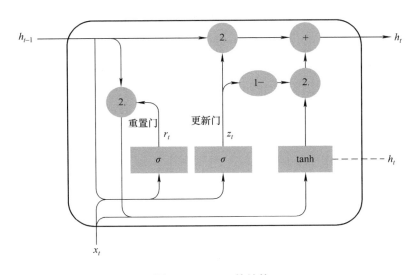

图 4-24　GRU 的结构

GRU 是一种前向传播的网络结构，其传播公式为

$$\begin{cases} r_t = \sigma(W_r x_t + U_r h_{t-1} + b_r) \\ z_t = \sigma(W_z x_t + U_z h_{t-1} + b_z) \\ \hat{h}_t = \tanh[W_h x_t + U_h(r_t \Theta h_{t-1}) + b_h] \\ h_t = z_t \Theta h_{t-1} + (1-z_t)\Theta \bar{h}_t \end{cases} \quad (4\text{-}5)$$

式中　　r_t——重置门；

　　　　σ——sigmoid 函数；

　　　　z_t——更新门；

　　　tanh——激活函数；

　　　　$\hat{h}_t$——候选隐藏状态；

　　　　x_t——t 时刻的输入；

W_r、W_z 和 W_h——重置门、更新门和候选隐藏状态的权重矩阵；

U_r、U_z 和 U_h——输入向量的权重；

b_r、b_z 和 b_h——对应门的偏置；

　　　　h_t——隐藏层输出。

3）ATT 机制。GRU 结构对信号序列在时间维度上的特征具有一定的学习能力，但是，信号序列较长或者序列中关键信息相对不显著时，GRU 难以捕捉到每个时刻的关键信息。这是由于信息前向传播时，隐藏状态中的信息有随着时间变长逐渐减弱甚至消失的可能。ATT 机制是受到人类大脑启发而产生的一种信息处理机制，通过对携带信息的对象赋予不同的注意力权重，由此突出信息中关键特征的地位，忽略边缘信息的影响。注意力机制与神经网络结合后，可以提高网络对关键信息的发掘能力，避免重要信息随时间步减弱。GRU 中的 ATT 机制结构如图 4-25 所示。

注意力机制的计算过程如式（4-6）所示。其中，f 为学习算子，其作用是计算输出向量 x_i 的权重系数 h_i，然后通过 soft max 函数归一化处理 h_i，归一化后的权重系数为 β_i，最后 β_i 与 h_i 被加权求和，得到注意力机制的输出 y，即注意力向量。

$$\begin{aligned} h_i &= f(x_i), i \in [1,n] \\ \beta_i &= \text{soft max}(h_i) = \exp(h_i) / \sum_{i=1}^{n} \exp(h_i), i \in [1,n] \\ y &= \sum_{i=1}^{n} \beta_i h_i \end{aligned} \quad (4\text{-}6)$$

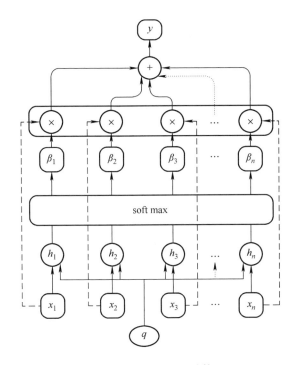

图 4-25　ATT 机制结构

注：x_1，x_2，x_3，$\cdots$，x_n 为 GRU 的隐藏层在 1 至 n 时间步的输出；h_1，h_2，h_3，$\cdots$，h_n 为对应输出的权重；β_1，β_2，β_3，$\cdots$，β_n 为经过 soft max 函数归一化处理后的权重系；q 为查询向量；y 为注意力机制加权求和后输出的注意力向量。

（2）基于 CNN-GRU-ATT 的泄漏识别模型　基于以上原理，本书介绍一种基于 CNN-GRU-ATT 的输水管道泄漏识别模型，主要包括输入层、CNN 层、GRU 层、ATT 机制及输出层，如图 4-26 所示。

输入的数据为采用本书 2.3 节方法降噪后的输水管道压力信号。ATT 机制输出的特征向量被全连接层融合和映射后，Soft max 分类器将其分类，通过分类器的分类结果判别输入信号属于正常类别还是泄漏类别。CNN 层的作用是弥补 GRU 层无法提取管道压力信号局部化时空特征的缺陷，包括卷积层、池化层和全连接层，并通过 ReLU 激活函数提高其复杂非线性抽象能力。

CNN-GRU-ATT 输水管道泄漏识别模型结构中每部分的功能如下：

1）输入层。将降噪预处理后的输水管道压力信号归一化，并输入 CNN-GRU-ATT 泄漏识别模型中。由于该信号为一维时间序列，故输入序列可以表示为 $X = [x_1, x_2, \cdots, x_l]^L$，其中 L 为沿时间的滑动窗口长度。

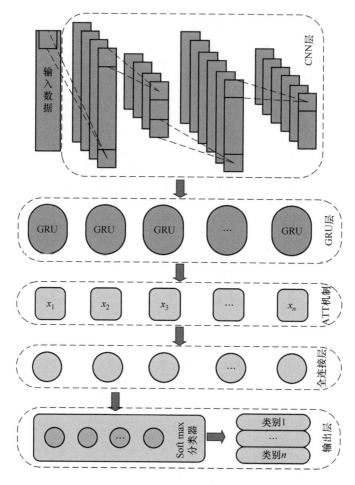

图 4-26　CNN-GRU-ATT 输水管道泄漏识别模型

2）CNN 层。CNN 层在结构中的主要功能是提取管道压力信号的局部化特征，并将多尺度特征融合降维，弥补 GRU 难以学习局部化特征的弱点。CNN 层被设置为 3 个卷积层，5 个 ReLU 层、3 个最大池化层和 1 个全连接层。由于管道压力信号是一维时间序列信号，故卷积层为一维结构，激活函数为 ReLU。输入信号经过卷积层和池化层处理后，此输出作为 GRU 网络的输入。CNN 层中各输出可表示为

$$\begin{cases} C = \mathrm{ReLU}(X \otimes W_1 + b_1) \\ P = \max(C) + b_2 \\ H_c = \mathrm{Sigmoid}(P \times W_2 + b_3) \end{cases} \quad (4\text{-}7)$$

式中　　C——卷积层输出；

　　　　P——池化层输出；

　　　　$\otimes$——卷积算子；

W_1、W_2——权重；

b_1、b_2 和 b_3——偏置；

　　　　H_c——全连接层输出；

Sigmoid——全连接层的激活函数。

3）GRU 层。输水管道压力信号为一维时间序列信号，其中信息之间的长依赖关系可以被 GRU 有效捕捉。借助捕捉的特征，可以通过分类器对输入进行类别判断，实现对压力信号的分类。GRU 学习 CNN 输出的压力信号的局部化时空特征，将局部化特征处理为隐藏状态向量，并提取压力信号的关键特征。GRU 层在 t 时刻的输出 h_t 可以表示为

$$h_t = \mathrm{GRU}(H_{c,t-1}, H_{c,t}) \tag{4-8}$$

式中，GRU 表示有一个当前的输入信号和上一个时间步传递下来的隐状态 $H_{c,t-1}$，GRU 会得到当前节点的输出信号和传递给下一个节点的隐状态 $H_{c,t}$。

4）ATT 机制。将 GRU 输出的隐藏层向量作为输入，ATT 机制从管道压力信号中自适应学习并突出压力波动的关键特征，对 GRU 输出的隐藏层向量赋予相应权重，计算对应权重矩阵，提高模型分类的性能。ATT 机制权重的计算如下：

$$\begin{cases} e_t = u \tanh(w h_t + b) \\ \beta_t = \exp(e_t) / \sum e_t \\ y_t = \sum \beta_t h_t \end{cases} \tag{4-9}$$

式中　　e_t——t 时刻管道压力信号不同特征的概率分布；

　　u 和 w——权重系数；

　　　　b——偏置；

　　　　β_t——t 时刻管道压力信号不同特征的权重；

　　　　y_t——t 时刻 ATT 机制的输出。

5）全连接层。全连接层将 ATT 机制的输出作为输入，通过线性变换将 ATT 机制的输出的特征向量转换为每个类别对应的预测值，其输出的维度与训练时数据集中类别的维度相对应。

6）Soft max 分类器。Soft max 分类器是一种多分类器，将全连接层的输出作为输入，其输出值为对应类别的概率分布，正确类别应具有高概率，错误类具有低概率，每一次分类所有类别的概率之和应为 1。Soft max 分类器输出的每一个类别概率可以表示为

$$S_i = \exp(z_i) \bigg/ \sum_{i=1}^{k} z_j, i \in [1,\cdots,k] \qquad (4\text{-}10)$$

式中　S_i——输出的概率分布；

　　　k——分类类别数；

　　　z_i——全连接层对应输出。

7）输出层。将 Soft max 分类器作为输出层，其输出的概率分布作为对管道压力信号类别的分类结果。

（3）泄漏识别试验分析

1）数据获取与数据集构建。选取本书 4.1.1 小节中搭建的实验室试验平台采集的管道压力数据作为数据集。在试验中，通过打开安装在管道上的水龙头模拟泄漏，水龙头打开不同的开度对应不同的泄漏面积。在泄漏识别试验的信号采集过程中设置了 3 种依次增大的泄漏面积，分别为表示为 A、B 和 C。3 种泄漏工况压力信号加上无泄漏工况压力信号，数据集中一共有 4 种压力工况信号。试验时，每次采集 16s，结束后关闭阀门待压力基本稳定再进行下一次采集。每种压力工况采集 50 次，由于管道上安装有两个压力传感器，故每次采集能获得两路压力信号，50 次采集得到共计 100 组压力信号，4 种工况共计 400 组压力信号，采样率为 500Hz，故整个数据集为 400×8000 的矩阵。4 种压力工况的表征方法如表 4-7 所示，每一种工况对应一个数字标签。

表 4-7　4 种压力工况的表征方法

工况类型	表征
无泄漏	1
泄漏面积 A	2
泄漏面积 B	3
泄漏面积 C	4

数据集中所有信号均经过本书 2.3 节的方法降噪预处理，降噪 4 种工况下的压力信号如图 4-27 所示。由图 4-27 可见，管道无泄漏时，其内部压力较为平稳。

发生泄漏时,压力在拐点先下降,然后趋于平稳。在 3 种泄漏工况下,压力下降的程度总体上与泄漏面积呈正相关。

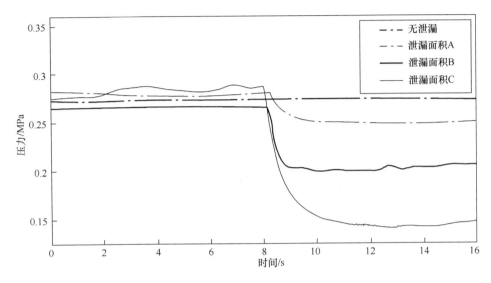

图 4-27　降噪后 4 种工况的压力信号

2)训练流程。CNN-GRU-ATT 训练流程如图 4-28 所示。

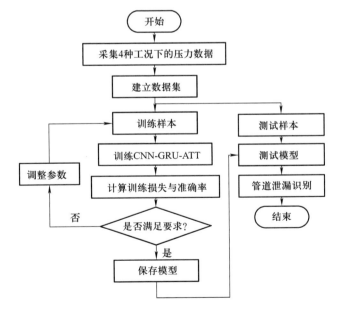

图 4-28　CNN-GRU-ATT 训练流程

CNN-GRU-ATT 训练具体步骤如下：

第一步：通过搭建的试验平台采集 4 种工况下的管道压力数据，通过数据分割和标注等操作建立泄漏识别数据集。

第二步：将数据集划分为训练样本和测试样本，总体比例为 320∶80，每种工况中训练样本和测试样本的比例为 80∶20。

第三步：将数据集归一化处理后，确定 CNN-GRU-ATT 的结构参数及超参数，如输入输出维数、CNN 层参数、GRU 层参数、ATT 机制参数及批大小（Batch Size，这个量指在每次模型训练迭代中同时处理的样本数量）和最大迭代次数等。

第四步：使用训练样本对 CNN-GRU-ATT 进行训练，直到损失及准确率满足要求，并选用如式（4-11）所示的分类交叉熵（categorical crossentropy）损失函数 $H_{\tilde{y}}$。

$$H_{\tilde{y}} = -\sum \tilde{y} \lg(y) \qquad (4\text{-}11)$$

式中　　y——模型输出的分类概率分布；

　　　　$\tilde{y}$——实际的分类概率分布。

第五步：当模型的训练损失与分类准确率满足要求时，保存该模型及参数，否则调整参数继续训练，直到满足要求。

第六步：将测试样本输入上一步保存的模型中，进行管道泄漏识别测试。

3）模型参数与结果分析。搭建的 CNN-GRU-ATT 网络中的关键参数见表 4-8，模型训练环境见表 4-9，模型训练超参数见表 4-10。初始学习率设置为 0.001，使用自适应矩估计（adaptive moment estimation，Adam）优化器。Adam 优化器是梯度下降的一种变体，它会使学习率随着训练过程中的历史梯度信息动态调整。这导致训练初期有较大学习率，有较快的收敛速度，训练中后期学习率较小，能够更准地搜索到最小损失函数。Adam 优化器还结合了 L2 正则化的思想，在更新的时候正则化参数，可以有效防止网络过拟合及增强网络泛化能力。

表 4-8　CNN-GRU-ATT 网络中的关键参数

编号	网络层	尺寸	节点	步长
1	卷积层 1	1×3	8	4
2	池化层 1	1×1	—	8
3	卷积层 2	1×3	16	2

（续）

编号	网络层	尺寸	节点	步长
4	池化层 2	1×1	—	4
5	卷积层 3	1×3	32	1
6	池化层 3	1×1	—	2
7	GRU 层	—	128	2
8	全连接层	1×4	—	—
9	Soft max 层	1×4	—	—

表 4-9 模型训练环境

类型	参数
系统	Windows11 64 位
软件	MATLAB
CPU	Intel Core i7-8750H @ 2.20GHz, DDR4 2666MHz 16GB
GPU	NVIDIA GeForce GTX 1050Ti, GDDR5 4GB

表 4-10 模型训练超参数

超参数	设置
批大小（Batch Size）	100
模型训练的最大轮数（MaxEpochs）	300
初始学习率	0.001
优化器	Adam
损失函数	分类交叉熵
验证指标	准确率
训练样本：测试样本	4:1

为验证本节搭建网络结构结构的有效性，还搭建了 LSTM、GRU、CNN 及 CNN-GRU 网络作为对比，其中 LSTM 与 GRU 节点数为 128，CNN 为 CNN-GRU-ATT 结构去掉 GRU 网络部分与 ATT 机制，CNN-GRU 与 CNN-GRU-ATT 结构的差异仅有 ATT 机制，其余参数与超参数全部相同。4 种对比结构加上 CNN-GRU-ATT 结构，一共 5 种网络结构，在数据集相同的条件下对各网络进行训练。各网络训练的准确率与损失变化如图 4-29 所示，其中深色曲线表示对应网络结构在训练中识别准确率的变化，浅色曲线表示训练中对应网络结构的损失变化。

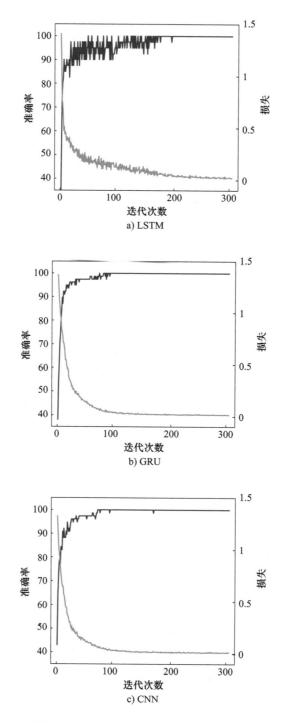

图 4-29 各网络训练的准确率与损失变化

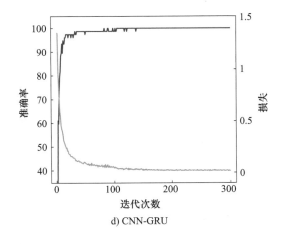

d) CNN-GRU

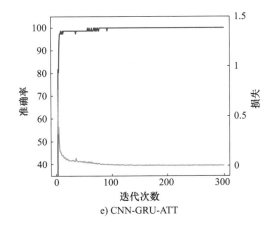

e) CNN-GRU-ATT

图 4-29　各网络训练的准确率与损失变化（续）

将图 4-29 所示的各个网络的准确率与损失变化计算结果与表 4-11 所罗列出的训练结果结合起来进行分析可以发现，LSTM 和 GRU 为单结构网络，且不具有提取信号序列局部特征的能力，故在训练过程中损失下降的效果不够好，尤其是 LSTM，迭代 200 次之前损失和准确率都产生了较大振荡，最后损失为 0.0944，测试集准确率也为较低的 95%。由于直接处理长信号序列，LSTM 的训练时间也为各网络中最长的 428s，有过拟合的风险。GRU 为 LSTM 的变体，在训练中需要计算的参数相对更少，故训练时间相比 LSTM 更短，其训练的损失与准确率曲线相对 LSTM 更好，但测试集准确率仍然不够理想。CNN 相比前两个网络，具有提取局部信息的能力，由于不关心信号序列中的长依赖关系，其训练中耗费时间最短，训练损失最后为 0.0116，较前两个网络更小。CNN-GRU 结合了 CNN 提取局部特征的特点和 GRU 发掘信息长依赖关系的优点，在训练中表现较好，训练集准确率为 100%，并且由于有 CNN 预先提取特征，其训练时间相较于 GRU 网络更短，最后的损失为 0.0093，测试集准确率为 97.5%。CNN-GRU-ATT 网络受益于 ATT 机制，能够关注到压力信号序列中的关键特征，有助于快速收敛到最佳损失值，最后损失为 0.0042，但训练时间略长于 CNN-GRU 网络。该结构训练集准确率为 100%，测试集准确率为 98.75%，除训练耗时外的各项指标均为以上网络中最优。

表 4-11　训练结果对比

网络模型	训练集准确率（%）	训练集损失	训练时间/s	测试集准确率（%）
LSTM	99.06	0.0944	428	95.00
GRU	99.06	0.0437	284	96.25
CNN	99.38	0.0116	52	97.50
CNN-GRU	100.00	0.0093	156	97.50
CNN-GRU-ATT	100.00	0.0042	169	98.75

另外，本节还统计了各网络在整个数据集中对不同工况下的压力信号识别率，见表 4-12。由表 4-12 中的计算结果可知，除不同模型之间的对比外，同一模型对不同的压力工况识别率也不同。纵观不同的管道运行工况，各模型识别泄漏面积 A 的小泄漏信号准确率最低，分析其原因可能是小泄漏的特征与部分未泄漏但本身存在波动的压力信号特征接近。本节搭建的 CNN-GRU-ATT 管道泄漏识别网络除将 1 次泄漏面积 A 的负压波信号识别为无泄漏压力信号外，其余 399 次泄漏识别全部正确，性能优于其余几种网络。

表 4-12　不同工况识别准确率对比

网络模型	准确率（%）			
	无泄漏	泄漏面积 A	泄漏面积 B	泄漏面积 C
LSTM	99	96	99	99
GRU	100	97	98	99
CNN	99	98	99	100
CNN-GRU	100	98	100	100
CNN-GRU-ATT	100	99	100	100

2. 基于负压波信号高频成分的泄漏定位

（1）泄漏定位试验分析　泄漏识别仅能识别到管道发生了泄漏事件，承担着泄漏报警的作用，但无法判别泄漏点的具体位置。城市输水管道往往掩埋于地下，巡检搜索泄漏点的方法往往会耽误大量补救时间，质量-体积平衡法在未误判的情况下，只能确定泄漏点位于哪两个传感器之间，具体位置的确定依然需要巡检搜索。通过负压波到达时差方法的泄漏定位仅需关注管道压力变化，泄漏识别捕捉到负压波信号后，通过计算两路负压波信号的时间差来得到泄漏点的位置。

从时域特征来看，负压波信号存在一个明显的突变点，即泄漏发生时的压力拐点。选取传感器 A 和传感器 B 压力信号的拐点作为到达时差方法的特征点，计算两拐点的时间差，从而得到负压波之间的时间差 Δt。泄漏是在瞬间发生的，管道的稳态在泄漏的瞬间被打破，故瞬间的信息往往被负压波信号的高频成分所反映，故负压波信号的高频成分中包含了泄漏信息。

VMD 可以将信号分解为中心频率不同的 IMF，将最低频 IMF 去除即可得到含有泄漏信息的负压波信号的高频成分。仿真分析证明了本书提出的管道压力信号降噪方法的可行性，为进行进一步验证，本节采用在实验室泄漏模拟试验平台上采集的试验数据进行分析，试验工况与 4.1.1 小节中的条件相匹配。

（2）无泄漏压力信号降噪　首先采集一组无泄漏状态下的管道压力信号，假设上游传感器 A 采集到的压力信号为 $x_A(t)$，下游传感器 B 采集到的压力信号为 $x_B(t)$。无泄漏压力信号 $x_A(t)$ 如图 4-30 所示。

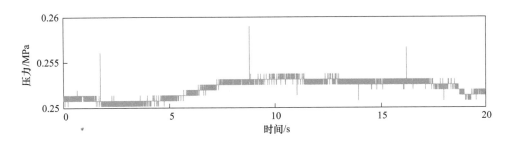

图 4-30　无泄漏压力信号 $x_A(t)$

以原始压力信号 $x_A(t)$ 为例，采用 2.3 节介绍的方法对其进行降噪处理，参数 P_c、P_m、M、G 和 tf 分别设置为 0.8、0.2、10、15 和 3。15 次迭代的进化过程如图 4-31 所示。由图 4-31 可知，从第 8 代至第 15 代最佳个体的适应度变化趋势较小，表明种群在第 8 代已基本成熟。进化过程中，种群的平均适应度与最佳适应度曲线具有共同降低、相互逼近的趋势，表明该方法收敛。

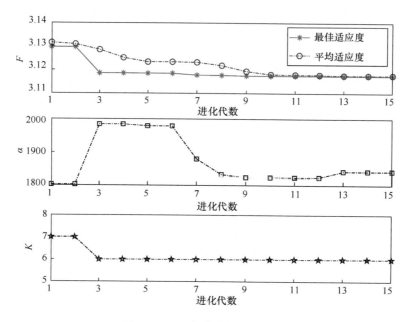

图 4-31　15 次迭代的进化过程

获得最优 VMD 参数的过程见表 4-13。进化过程中，种群个体的平均适应度由初代 3.1315 降低到最后的 3.1176，最佳适应度由 3.1296 降低至 3.1174，最佳适应度个体染色体解码后，得到最优 VMD 参数为 $[K,\alpha]$ = [6,1842]。

表 4-13　获得最优 VMD 参数的过程

进化代数	平均适应度（avg$E$）	最佳适应度（min$E$）	K	α
1	3.1315	3.1296	7	1800
2	3.1310	3.1296	7	1802
3	3.1284	3.1296	6	1983
4	3.1251	3.1185	6	1982
5	3.1235	3.1185	6	1978
6	3.1235	3.1185	6	1879
7	3.1231	3.1185	6	1833
8	3.1218	3.1178	6	1825
9	3.1194	3.1177	6	1824

(续)

进化代数	平均适应度（avgE）	最佳适应度（minE）	K	α
10	3.1181	3.1175	6	1823
11	3.1180	3.1175	6	1822
12	3.1179	3.1175	6	1821
13	3.1178	3.1175	6	1844
14	3.1177	3.1174	6	1843
15	3.1176	3.1174	6	1842

得到最优参数后，首先，结合该参数对 $x_A(t)$ 进行分解，分解得到的 IMF1～IMF6 及对应的频谱如图 4-32 所示。该频谱图由高频到低频从上到下排列，可见各 IMF 边界清晰，首尾相连，频率中心无接近或重叠，表明分解后各模态之间未出现频率混叠。

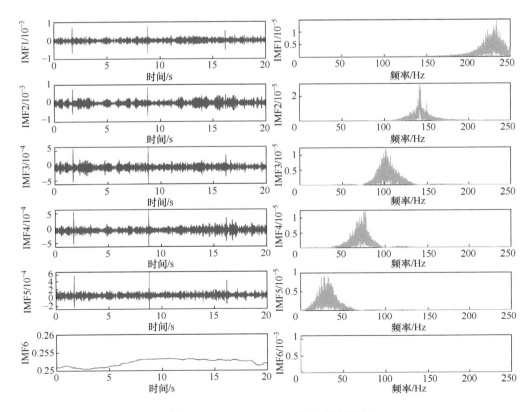

图 4-32　IMF1～IMF6 及对应的频谱

然后，使用 2.3.1 小节中信号重构方法重构 $x_A(t)$，$x_A(t)$ 的各 IMF 与对比信号 $x_B(t)$ 的互相关系数如图 4-33 所示。由图 4-33 可以看出，除 IMF6 以外的其余 IMF 与 $x_B(t)$ 的互相关系数都低于阈值，即重构时判定 IMF6 为有效 IMF，其余 IMF 无效，选取 IMF6 进行信号重构，重构后的信号即降噪信号。

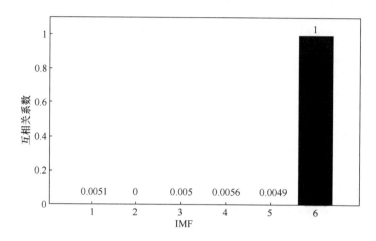

图 4-33　$x_A(t)$ 的各 IMF 与对比信号 $x_B(t)$ 的互相关系数

采用小波降噪、EMD、VMD 及 ANR-VMD 对管道无泄漏工况下压力信号 $x_A(t)$ 的降噪结果对比如图 4-34 所示，图中浅色线条表示降噪前的原始压力信号，深色线条表示对应方法的降噪结果。由图 4-34 可以看出，无泄漏状态下的管道原始压力信号存在小范围不稳定的波动，且大量频率较高的噪声淹没了压力波动的细节，这对泄漏识别及泄漏点定位带来了不利影响。

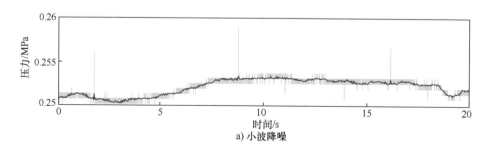

图 4-34　无泄漏状态压力信号的降噪结果对比

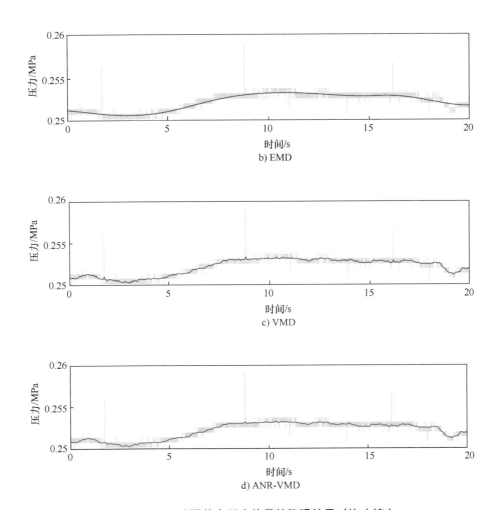

图 4-34 无泄漏状态压力信号的降噪结果对比（续）

如图 4-34a 所示，小波降噪处理后，原始压力信号中的噪声在一定程度上得到了抑制，压力波动的特征也得以保留，但降噪信号整体依然存在锯齿状的波动，三处突发干扰未被有效处理。图 4-34b 所示为 EMD 方法得到的降噪信号，可见其十分平滑，原始压力信号中的噪声得到了明显的抑制，但过于平滑导致信号畸变，降噪信号在多处偏离了原始压力信号，丢失了原始压力信号所有特征。如图 4-34c 所示，使用 VMD 降噪方法处理后，信号整体的噪声得到抑制，不存在锯齿状噪声，效果优于小波降噪，但在突发干扰处依然存在扰动，说明该方法未完全去除信号中的突发噪声成分。如图 4-34d 所示，ANR-VMD 降噪后的信号压力波动的特征被保留，噪声得到抑制，原始压力信号中的突发干扰也被有效过滤。综上分析，ANR-VMD 对管道无泄漏压力信号实现了更好的降噪效果。

（3）负压波信号降噪　前面分析了各方法在管道泄漏状态下的降噪表现。同样，假设上游传感器 A 采集的负压波信号为 $y_A(t)$，下游传感器 B 采集的负压波信号为 $y_B(t)$。上游传感器 A 采集的负压波信号 $y_A(t)$ 如图 4-35 所示。

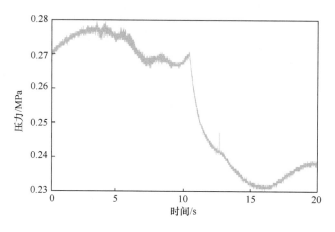

图 4-35　负压波信号 $y_A(t)$

然后，使用 ANR-VMD 对其进行处理，得到的最优 VMD 参数为 $[K,\alpha]$ = [13,2041]。小波降噪、EMD、VMD 及 ANR-VMD 得到的负压波信号降噪结果对比如图 4-36 所示，图中浅色线条表示降噪前的原始负压波信号，深色线条表示对应方法的降噪结果。由图 4-36a 可见，小波降噪抑制了大部分的噪声，降噪信号的拐点也较为清晰，但整体仍然存在锯齿状噪声，尤其是在 4s 和 10s 附近。如图 4-36b 所示，EMD 降噪方法降噪后的信号已完全畸变，特征与真实的负压波信号完全不符。如图 4-36c 所示，VMD 降噪方法存在和小波降噪方法几乎相同的问题。经 ANR-VMD 处理后的信号整体平滑，如图 4-36d 所示，压力波动特征得以保留，泄漏时的拐点清晰，附近不存在锯齿状噪声。

实际管道压力信号为非先验信号，故使用 2.3.2 小节中的模糊熵对几种方法得到的降噪信号进行量化评价，具体结果见表 4-14。小波降噪、EMD、VMD 及 ANR-VMD 得到的降噪信号模糊熵分别为 2.303、2.336、2.316 及 2.281，ANR-VMD 得到的降噪信号模糊熵最低，相比原始压力信号模糊熵降低了 0.131。综上所述，ANR-VMD 性能优于其他几种方法，取得了良好的负压波信号降噪效果。

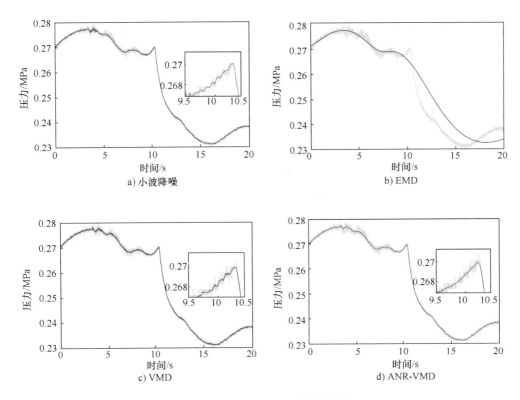

图 4-36 负压波信号降噪结果对比

表 4-14 降噪信号模糊熵对比

原始压力信号模糊熵	降噪方法	降噪信号模糊熵	模糊熵降低
2.412	小波降噪	2.303	0.109
	EMD	2.336	0.076
	VMD	2.316	0.096
	ANR-VMD	**2.281**	**0.131**

以负压波信号 $y_A(t)$ 为例,该负压波信号在泄漏识别前已做降噪预处理。由于信号中噪声已被去除,此时仅将降噪负压波信号的高低频成分分离,故使用计算量较小的中心频率法来选取 VMD 参数。该方法针对信号选取的 VMD 参数组合为 $[K,\alpha] = [6,2000]$。降噪负压波信号 $y_A(t)$ 及将其分解得到的 IMF1 ~ IMF6 如图 4-37 所示。

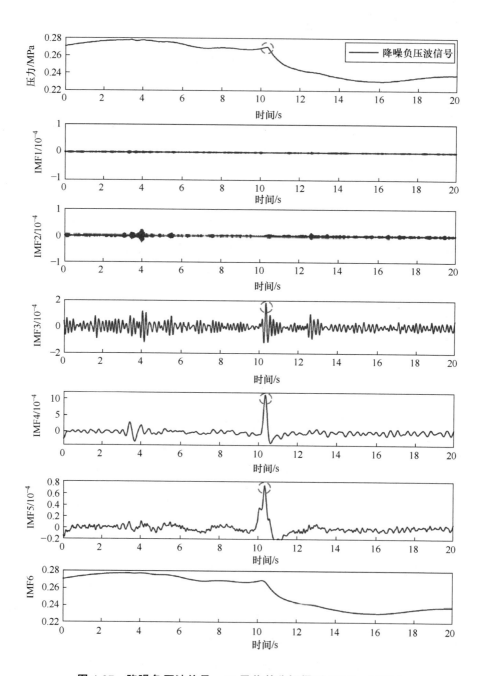

图 4-37　降噪负压波信号 $y_A(t)$ 及将其分解得到 IMF1 ~ IMF6

图 4-37 中，虚线圆圈中是降噪负压波信号的拐点，3 个实线圆圈中的是 IMF3、IMF4 和 IMF5 的波形尖峰。可以观察到，IMF3、IMF4 和 IMF5 的波形尖峰发生时刻与负压波信号的拐点时刻一致，故将除最低频成分 IMF6 之外的 IMF1～IMF5 重构作为负压波的高频成分，去除高频成分后的信号只剩下低频成分，如图 4-38 所示。由图 4-38 可见，低频成分的拐点处峰度相比降噪负压波信号有所降低，这是由于高频成分的缺失，也证明高频成分携带了拐点包含的泄漏信息。

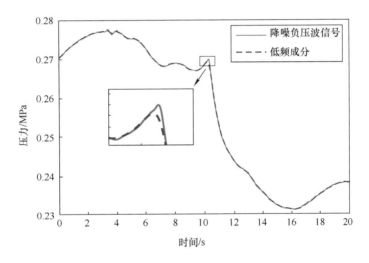

图 4-38　降噪负压波信号 $y_A(t)$ 及其低频成分

降噪负压波信号 $y_A(t)$ 及其高频成分如图 4-39 所示。由图 4-39 可以观察到，高频成分的尖峰对应时刻与负压波信号拐点对应时刻一致，由此搜索尖峰对应的时刻，就能得到泄漏发生的时刻。降噪负压波信号 $y_A(t)$ 高频成分的尖峰对应时刻为 $t_1 = 10.356\mathrm{s}$，意味着在管道在上游传感器 A 开始采集管道压力信号的第 10.356s 时发生了泄漏。

相同的方法处理另一路降噪负压波信号 $y_B(t)$，首先使用中心频率法得到 VMD 参数 $[K,\alpha] = [11,2065]$，并使用该参数分解负压波信号，重构高频 IMF 得到信号的高频成分。如图 4-40 所示，高频成分的尖峰对应时刻为 $t_2 = 10.350\mathrm{s}$，管道下游传感器 B 采集管道压力信号的第 10.350s 时，管道发生了泄漏。

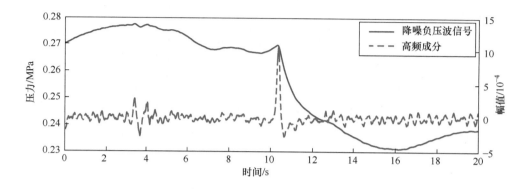

图 4-39 降噪负压波信号 $y_A(t)$ 及其高频成分

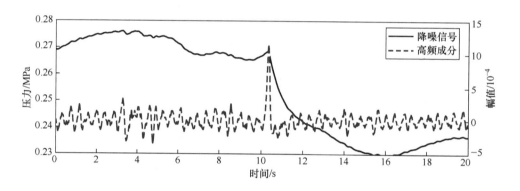

图 4-40 降噪负压波信号 $y_B(t)$ 及其高频成分

得到两个传感器检测到的泄漏发生时刻 t_1、t_2 后,可以计算出负压波时间差 $\Delta t = t_1 - t_2 = 10.356\text{s} - 10.350\text{s} = 0.006\text{s}$。将时间差 $\Delta t = 0.006\text{s}$、负压波波速 $v = 1000\text{m/s}$、上下游 A、B 两压力传感器之间的距离 $L = 17.34\text{m}$ 代入式(1-1),得到计算距离 $L'_A = (17.34 + 1000 \times 0.006)\text{m}/2 = 11.67\text{m}$,即计算得到泄漏点与上游传感器 A 之间的距离为 11.67m。本小节分析的负压波信号是在试验管道长度为 17.34m、模拟泄漏点 2 开启的情况下采集的,故参考表 4-3,泄漏点与上游传感器 A 之间的实际距离为 $L_A = 11.34\text{m}$,此次定位的绝对误差 $\varepsilon = |L'_A - L_A| = 0.33\text{m}$,相对误差 $\delta = |L'_A - L_A|/L = 1.9\%$。

为了体现出 ANR-VMD 压力信号降噪方法及泄漏点定位方法的有效性,可直接从未降噪的原始压力信号 $y_A(t)$ 和 $y_B(t)$ 中分离其高频成分,如图 4-41 所示。

由图 4-41 可见，未经降噪预处理的负压波信号的高频成分中掺杂了大量的噪声，关于泄漏时刻的拐点信息已被掩盖难以捕捉，无法进行泄漏定位，这说明了降噪预处理的重要性。

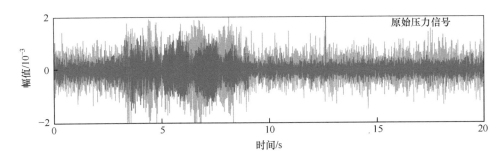

图 4-41　两路原始负压波信号的高频成分

小波降噪、EMD、VMD 及 ANR-VMD 降噪信号的高频成分如图 4-42 所示。

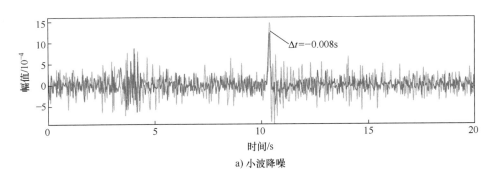

a) 小波降噪

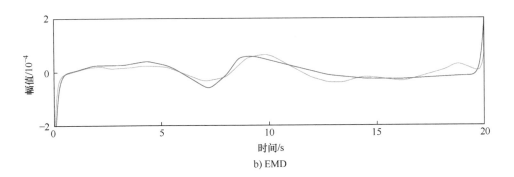

b) EMD

图 4-42　各方法降噪信号的高频成分

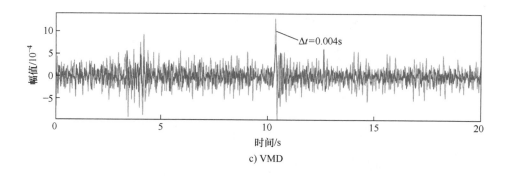

c) VMD

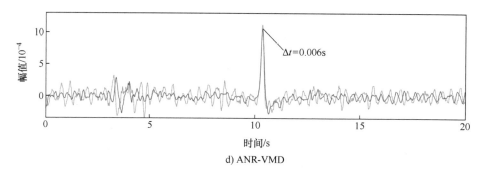

d) ANR-VMD

图 4-42 各方法降噪信号的高频成分（续）

小波分解将小波降噪后的负压波信号 5 层分解后重构 4 高频分量得到高频成分，如图 4-42a 所示。由图 4-42a 可见，波形存在较为明显的尖峰，通过峰值得到的 Δt 为 $-0.008\mathrm{s}$，定位的绝对误差 ε 为 6.67m，相对误差 δ 为 38.47%，大于 ANR-VMD 方法 1.9% 的相对误差。EMD 方法能够自适应分解信号，首先分解 EMD 降噪方法得到的降噪信号，然后重构高频分量得到高频成分，如图 4-42b 所示。由于降噪效果不佳及提取高频成分时模态混叠，重构得到的成分不存在尖峰，故无法定位。VMD 方法依然通过中心频率法确定参数来分解 VMD 方法得到的降噪信号，然后得到如图 4-42c 的高频成分。高频成分的定位信号存在明显的峰值，通过尖峰对应时刻得到的 Δt 为 0.004s，定位的绝对误差 ε 为 0.67m，相对误差 δ 为 3.86%，大于 ANR-VMD 方法 1.9% 的相对误差。如图 4-42d 所示，ANR-VMD 得到的降噪信号高频成分在泄漏发生时刻产生了尖锐的波峰。在与 VMD 方法使用相同高频成分获取方法的情况下，ANR-VMD 的高频成分波峰更加明显，这说明 ANR-VMD 降噪方法对拐点特征的保留程度更高。波峰明显有利于精确泄漏时刻来提高定位的精确度。

本节进行了共 12 次泄漏定位试验。对小波降噪、VMD 和 ANR-VMD 得到的降噪负压波信号进行泄漏定位，其结果见表 4-15（EMD 方法的降噪信号不存在明显波峰，无法定位泄漏点）。定位的绝对误差为 ε，本书将相对误差定义为 ε 与 L 之比，并表示为 δ，δ 超过 100% 时，定位失败并表示为"—"。

表 4-15 泄漏定位结果对比

L/m	泄漏点	L_A/m	泄漏面积/cm^2	小波降噪			VMD			ANR-VMD		
				L'_A/m	ε/m	δ（%）	L'_A/m	ε/m	δ（%）	L'_A/m	ε/m	δ（%）
17.34	1	14.47	0.1	—	—	—	—	—	—	13.67	0.80	4.61
			0.2	—	—	—	18.67	4.2	24.22	14.67	0.20	1.15
	2	11.34	0.1	—	—	—	—	—	—	12.67	1.33	7.67
			0.2	4.67	6.67	38.47	10.67	0.67	3.86	11.67	0.33	1.90
	3	2.47	0.1	—	—	—	—	—	—	1.67	0.80	4.61
			0.2	—	—	—	—	—	—	2.67	0.20	1.15
23.34	4	17.34	0.1	—	—	—	13.67	3.67	15.72	16.67	0.67	2.87
			0.2	—	—	—	—	—	—	17.67	0.33	1.41
	5	14.47	0.1	—	—	—	—	—	—	13.67	0.80	3.43
			0.2	7.67	6.8	29.13	15.67	1.2	5.14	14.67	0.20	0.86
	6	2.47	0.1	—	—	—	—	—	—	3.67	1.20	5.14
			0.2	—	—	—	—	—	—	2.67	0.20	0.86
平均相对误差						33.80			12.24			2.97

在 12 次泄漏定位试验中，小波方法仅有 2 次定位成功，VMD 成功定位 4 次，ANR-VMD 全部定位成功。小波方法的平均相对误差较高，为 33.80%；VMD 降噪的平均相对误差为 12.24%；ANR-VMD 在 12 次泄漏定位试验中的最大相对误差为 7.67%，最小相对误差为 0.86%，平均相对误差仅为 2.97%。综上，ANR-VMD 降噪后的负压波信号在泄漏定位中的误差最小，具有较好的鲁棒性。

3. 定位误差分析

在本书 4.2.1 小节的试验工况下对泄漏定位误差进行分析。利用式（1-1），以泄漏点 2 为例，要实现无定位误差（理想情况），计算出的泄漏点位置 L'_A 应该与实际发生泄漏的位置 L_A 的相同，为 11.34m。将该距离代入式（1-1），得到 $\Delta t = 0.00534s$。由于采样率 $f = 500Hz$，可以计算出两路负压波信号拐点的点数差 $\Delta n = f\Delta t = 500 \times 0.00534 = 2.67$，即若计算得到 $\Delta n = 2.67$，此时对泄漏点 2 的定位不存在误差。但实际的信号计算出的 Δn 一定是整数，这是由数字信号的离散性质决定的，故本书工况的定位试验一定存在误差。

在泄漏定位试验中，ANR-VMD 得到的 $\Delta n = f\Delta t = 500 \times 0.006 = 3$，为最靠近 2.67 的整数，即在采样率 500Hz 的试验条件下已经达到了最佳的定位精度。500Hz 采样率下的时间分辨率为 0.002s，采样率提升至 1000Hz 时，时间分辨率为 0.001s。时间分辨率越小，理论上的定位精度越高，但此时的数据处理成本将成倍上升。由此可见，采样率在理论上对泄漏定位的精度存在一定的影响，在实际工程中的影响及其中是否存在规律性有待进一步研究。本书将采样率 f 设置为 500Hz，是综合考虑泄漏定位的精度和处理数据的成本后做出的决定。

4.3 基于声发射信号管道泄漏识别与泄漏点定位

4.3.1 输水管道泄漏定位试验系统

为了验证本书 3.3 节所介绍的 VMD-希尔伯特变换算法的实际降噪性能，基于 4.1.1 小节的输水管道泄漏定位试验系统，在试验管道上安装了两个加速度传感器，通过放大器给加速度传感器供电，上位机给数据采集卡供电。泄漏试验时，加速度传感器采集泄漏信号，通过放大器传输给数据采集卡，数据采集卡再上传到上位机。

1. 试验设备

（1）加速度传感器 加速度传感器（见图 4-43）将采集到的振动信号转化为电压信号再输出给数据采集卡，试验的数据采集效果主要受加速度传感器的影响。因此，选择合适的加速度传感器将大幅度提高试验系统的性能。为了能够选择到合适的加速度传感器，主要考虑以下几个基本参数：

1）频率范围。为了能够采集到 0～2000Hz 范围内的泄漏信号，并且满足采样频率达到 4000Hz 的要求，选择合适频率范围的加速度传感器非常重要。

图 4-43 加速度传感器

2)量程。为了保证能够采集到准确的泄漏信号,量程不能太大,以免采集到的信号精度较低;量程也不能太小,以免采集到的泄漏信号信息发生丢失。

3)横向灵敏度。为了保证采集到的数据具有较高的可靠性,要求加速度传感器的横向灵敏度不能超过 5%。

4)安装方式。加速度传感器可以通过黏结剂、螺钉、磁铁等方式连接到输水管道上。为了方便随时调整加速度传感器的位置,由于部分加速度传感器不防水,也为了保障试验设备的安全,加速度传感器使用磁性底座连接输水管道。

基于以上 4 个基本指标并综合考虑其他因素,试验中使用 YK-YD01 型加速度传感器采集输水管道泄漏振动信号。加速度传感器主要参数见表 4-16。

表 4-16 加速度传感器主要参数

型号	YK-YD01
频率范围	1~2.5kHz
量程	1g
横向灵敏度	<5%
输出幅度	±5V
工作电压	DC 18~28V
电压灵敏度	5.00V/g

(2)放大器 加速度传感器需要提供 18~28V 的直流电进行供电,如果采集到的信号过低,还需要对信号进行放大处理,因此配置了一个能给 YK-YD01 型加速度传感器供电以及放大信号的放大器,如图 4-44 所示。

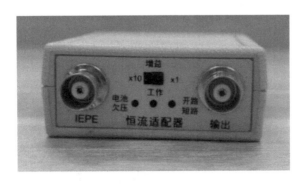

图 4-44 放大器

(3)数据采集卡 经过放大器处理后的泄漏振动信号需要通过数据采集卡采集数据,然后再上传给上位机,经过 VMD-希尔伯特变换算法降噪后才能进行定位。试验中使用 USB3100 数据采集卡，由上位机对其进行供电。USB3100 数据采集卡如图 4-45 所示，其主要参数见表 4-17。

图 4-45　USB3100 数据采集卡

表 4-17　USB3100 数据采集卡参数

采样频率	1~20000Hz
量程	±10V
分辨率	12 位
采样通道	1~8 通道

（4）上位机　USB3100 数据采集卡采集到的所有数据都将在上位机中浏览和存储。试验中使用笔记本计算机作为上位机，通过 USB 总线连接到采集卡，在笔记本计算机上安装配套的 USB3100 采集软件、数据转换软件，实现数据的上传、转换和存储。采集软件界面如图 4-46 所示，数据转换软件界面如图 4-47 所示。

2. 实验室现场

试验管道材料为 Q235B 碳钢，管道直径为 80mm，管道壁厚为 3mm。由表 1-2 可知，泄漏振动信号传播的速度为 1278m/s。泄漏振动信号主要集中在 0~2000Hz，数据采集卡的采样频率设置为 4000Hz。

泄漏试验时，打开管道上的球阀，泄漏产生的振动信号被加速度传感器拾取，经过放大器处理后，数据采集卡将采集到的数据上传到笔记本计算机，通过 MATLAB 使用 VMD-希尔伯特变换算法进行降噪，降噪后再进行泄漏定位。试验布置现场如图 4-48 所示。

第 4 章 输水管道泄漏识别和泄漏点定位方法

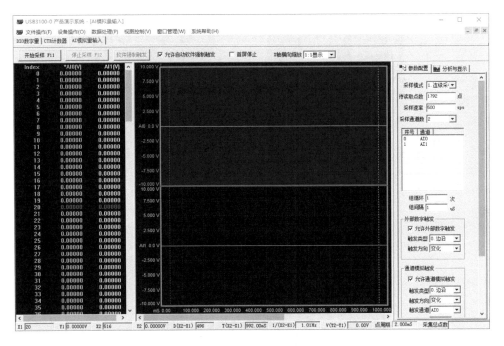

图 4-46 采集软件界面

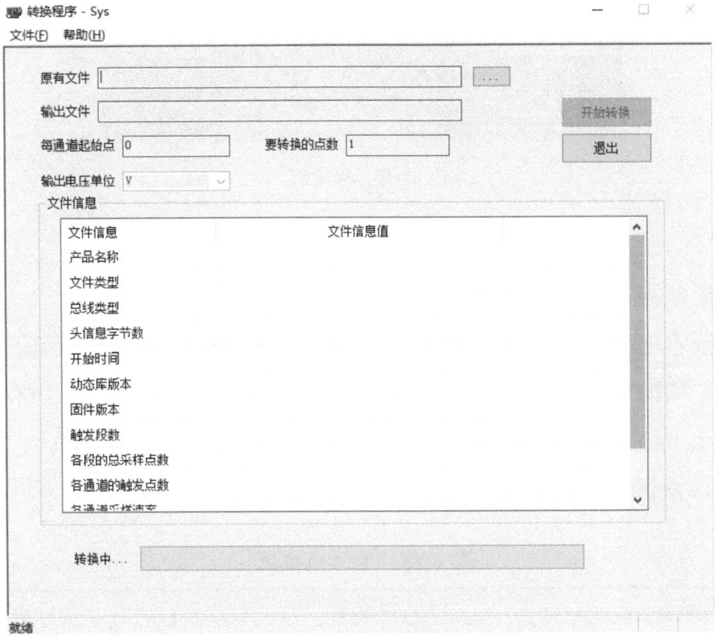

图 4-47 数据转换软件界面

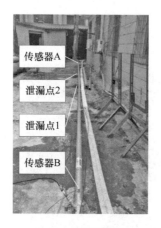

a) 试验管道　　　　　　b) 泄漏点1

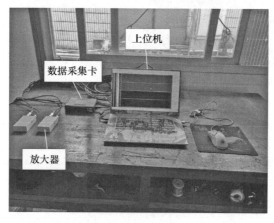

c) 数据采集设备

图 4-48　试验布置现场

3. 试验泄漏点布置

为了验证本书 3.4.3 节介绍的 VMD- 希尔伯特变换算法的实际降噪性能，设置了泄漏点 1 和泄漏点 2 进行泄漏试验，其中泄漏点 1 和泄漏点 2 都是球阀。假设传感器 A 和传感器 B 之间的管道长度为 L，泄漏点与传感器 A 之间的实际距离为 L_A。具体泄漏点位置见表 4-18。

表 4-18　泄漏点位置

L/m	泄漏点	L_A/m
16.95	1	11.16
	2	8.28

4.3.2 泄漏模拟试验

1. 互相关算法

为了分析实际泄漏信号中噪声对泄漏点定位的影响，对试验系统中泄漏点 1 采集到的其中 1 组数据进行互相关分析，如图 4-49 所示。图 4-49a 所示为传感器 A 采集的信号 $x_{A1}(t)$，图 4-49b 所示为传感器 B 采集的信号 $x_{B1}(t)$，图 4-49c 所示为两路信号的互相关系数。

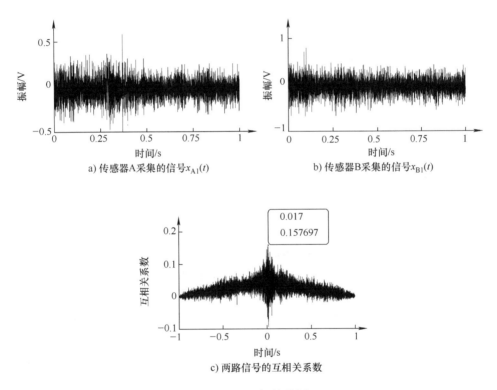

图 4-49 互相关分析

由图 4-49c 可知，两路泄漏振动信号的互相关系数峰值约为 0.16。根据表 2-1 可知，互相关系数在 0～0.20 之间，属于极弱相关。时间差 $\Delta t = 0.017\text{s}$，波速 $v = 1278\text{m/s}$，由式（1-1）得 $L'_A = 19.34\text{m}$，相对定位误差 $\delta = |19.34-11.16|/16.95 = 48.26\%$。因此，两路泄漏信号属于极弱相关时，泄漏信号中夹杂着大量噪声，导致泄漏定位相对误差较大。

2. VMD-互相关系数算法

对泄漏信号 $x_{A1}(t)$ 和 $x_{B1}(t)$ 使用 VMD-互相关系数算法进行降噪，VMD-互相关系数算法降噪过程如图 4-50 所示。其中，图 4-50a 所示为传感器 A 采集的信号 $x_{A1}(t)$，图 4-50b 所示为传感器 B 采集的信号 $x_{B1}(t)$，图 4-50c 所示为 $x_{A1}(t)$ 的 VMD 分解，图 4-50d 所示为 $x_{B1}(t)$ 的 VMD 分解，图 4-50e 所示为 $x_{A1}(t)$ 降噪后的信号，图 4-50f 所示为 $x_{B1}(t)$ 降噪后的信号，图 4-50g 所示为降噪后两路信号的互相关系数。

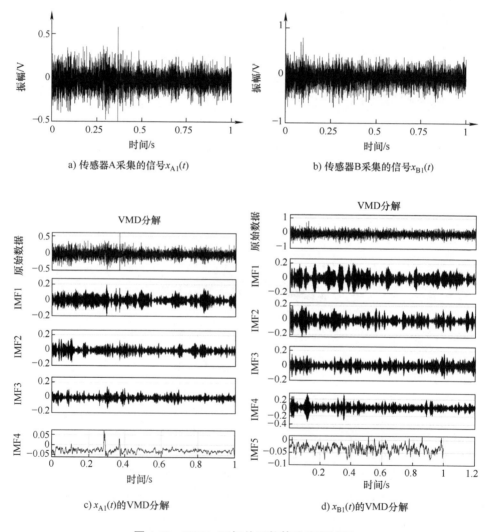

图 4-50 VMD-互相关系数算法降噪过程

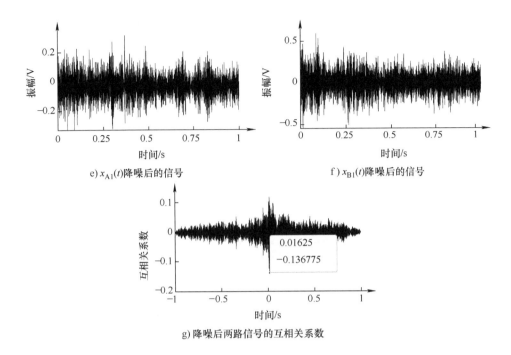

e) $x_{A1}(t)$ 降噪后的信号

f) $x_{B1}(t)$ 降噪后的信号

g) 降噪后两路信号的互相关系数

图 4-50 VMD-互相关系数算法降噪过程（续）

VMD-互相关系数算法筛选有效 IMF 分量的步骤如下：

第一步：从 $K = 3$ 开始计算 VMD 分解后的相邻 IMF 分量之差的绝对值 Δ，直至 $\Delta < 200$，分解结束，得到各 IMF 分量的中心频率见表 4-19 和表 4-20。由表 4-19 可知，当 $K = 4$，$\Delta = |794.76-984.37| = 189.61<200$，因此，$K_A = 4$。由表 4-20 可知，当 $K = 5$，$\Delta = |628.27-823.10| = 194.83<200$，因此，$K_B = 5$。

表 4-19 $x_{A1}(t)$ 的各 IMF 分量的中心频率

K	中心频率 /Hz			
	IMF1	IMF2	IMF3	IMF4
3	805.90	1345.4	0	—
4	794.76	984.37	1354.1	0

表 4-20 $x_{B1}(t)$ 的各 IMF 分量的中心频率

K	中心频率 /Hz				
	IMF1	IMF2	IMF3	IMF4	IMF5
3	641.79	1689.9	0	—	—
4	630.00	849.31	1690.3	0	—
5	628.27	823.10	985.41	1690.6	0

第二步：计算 $x_{A1}(t)$ 各 IMF 分量与 $x_{A1}(t)$ 的互相关系数，见表 4-21；计算 $x_{B1}(t)$ 各 IMF 分量与 $x_{B1}(t)$ 的互相关系数，见表 4-22。由表 4-21 可知，最大互相关系数为 0.5472，最大互相关系数的一半为 0.2736，选择互相关系数大于 0.2736 的 IMF 分量重构，因此，$x_{A1}(t)$ 选择 IMF1、IMF2、IMF3、IMF4 重构。由表 4-22 可知，最大互相关系数为 0.5190，最大互相关系数的一半为 0.2595，选择互相关系数大于 0.2595 的 IMF 分量重构，因此，$x_{B1}(t)$ 选择 IMF1、IMF2、IMF3、IMF4 重构。

表 4-21 $x_{A1}(t)$ 的各 IMF 分量与 $x_{A1}(t)$ 的互相关系数

K	互相关系数			
	IMF1	IMF2	IMF3	IMF4
4	0.5472	0.5105	0.4381	0.3049

表 4-22 $x_{B1}(t)$ 的各 IMF 分量与 $x_{B1}(t)$ 的互相关系数

K	互相关系数				
	IMF1	IMF2	IMF3	IMF4	IMF5
5	0.4451	0.4447	0.4147	0.5190	0.2518

由图 4-50a 和图 4-50e 可知，$x_{A1}(t)$ 经过 VMD- 互相关系数算法降噪后，振幅从 –0.5 ~ 0.5V 降到了 –0.2 ~ 0.2V；由图 4-50b 和图 4-50f 可知，$x_{B1}(t)$ 经过 VMD- 互相关系数算法降噪后，振幅从 –1 ~ 1V 降到了 –0.5 ~ 0.5V。因此，VMD- 互相关系数算法有一定的降噪能力。由图 4-50g 可知，经过 VMD- 互相关系数算法降噪后，两路泄漏振动信号的互相关系数峰值约为 0.14。根据表 2-1 可知，互相关系数在 0 ~ 0.20 之间，属于极弱相关。时间差 $\Delta t = 0.016$s，波速 $v = 1278$m/s，由式（1-1）得 $L'_A = 18.86$m，相对定位误差 $\delta = |18.86-11.16|/16.95 = 45.43\%$。因此，两路泄漏信号属于极弱相关时，VMD- 互相关系数算法降噪性能较差。由于实际试验条件下泄漏信号中的噪声较为复杂，VMD- 互相关系数算法会将部分含有噪声的 IMF 分量作为泄漏信号进行重构，不能有效地筛分 IMF 分量，泄漏信号中仍然存在大量噪声，导致泄漏定位相对误差仍然较大。

3. VMD- 希尔伯特变换算法

对泄漏信号 $x_{A1}(t)$ 和 $x_{B1}(t)$ 使用 VMD- 希尔伯特变换算法进行降噪，VMD- 希尔伯特变换算法降噪的步骤如下：

第一步：与 3.2 节 VMD 分解步骤相同，经过计算 $K_A = 4$，$K_B = 5$。IMF 分量经过希尔伯特边际谱分析，由图 4-50a 可知，IMF2 为振幅最大的分量，振幅大于最大振幅一半的分量为 IMF1 和 IMF2。由图 4-50b 可知，IMF4 为振幅最大的分量，振幅大于最大振幅一半的分量为 IMF1、IMF2、IMF4。因此，传感器 A 的信号选择 IMF1 和 IMF2 重构，传感器 B 的信号选择 IMF1、IMF2、IMF4 重构。

第二步：重构信号互相关系数 0.17<0.3，因此泄漏信号中存在高能量噪声。低频带（0~1000Hz）IMF 分量重构信号互相关系数 $|h_1| = 0.20$，高频带（1000~2000Hz）IMF 分量重构信号互相关系数 $h_2 = 0.0192$，由于 $|h_1|>h_2$，因此高能量噪声存在于高频带，将低频带（0~1000Hz）IMF 分量进行重构。

第三步：重构信号通过切比雪夫滤波器进行低通滤波，设置 7 种通带，每种通带带宽为 100Hz，得到 7 个不同的降噪信号，计算它们的互相关系数，选择互相关系数最大的一组重构作为降噪信号。

VMD- 希尔伯特变换算法降噪过程如图 4-51 所示。其中，图 4-51a 所示为传感器 A 采集的信号 $x_{A1}(t)$，图 4-51b 所示为传感器 B 采集的信号 $x_{B1}(t)$，图 4-51c 所示为 $x_{A1}(t)$ 的希尔伯特边际谱，图 4-51d 所示为 $x_{B1}(t)$ 的希尔伯特边际谱，图 4-51e 所示为重构信号互相关系数 h，图 4-51f 所示为低频重构信号的互相关系数 h_1，图 4-51g 所示为高频重构信号的互相关系数 h_2，图 4-51h 所示为 $x_{A1}(t)$ 降噪后的信号，图 4-51i 所示为 $x_{B1}(t)$ 降噪后的信号，图 4-51j 所示为降噪后两路信号的互相关系数。

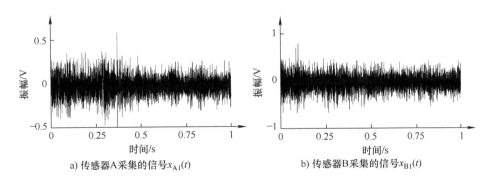

a) 传感器A采集的信号$x_{A1}(t)$　　　b) 传感器B采集的信号$x_{B1}(t)$

图 4-51　VMD- 希尔伯特变换算法降噪过程

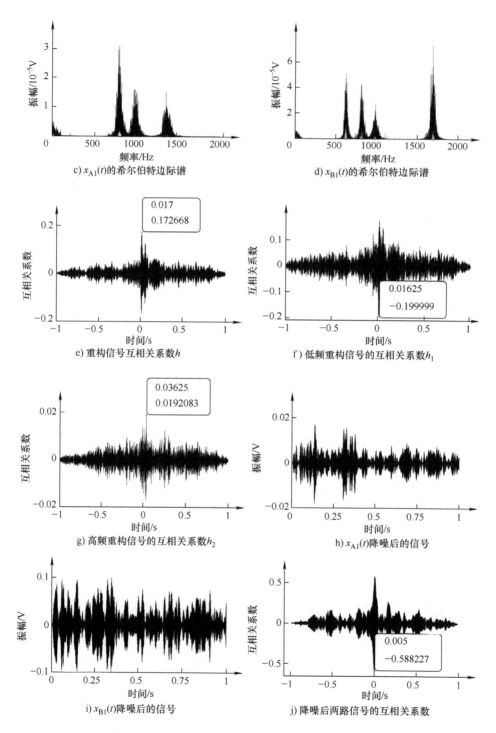

图 4-51 VMD-希尔伯特变换算法降噪过程（续）

由图 4-51a 和图 4-51h 可知，传感器 A 采集的信号 $x_{A1}(t)$ 经过 VMD-希尔伯特算法降噪后，振幅从 $-0.5\sim0.5V$ 降到了 $-0.02\sim0.02V$；由图 4-51b 和图 4-51i 可知，传感器 B 采集的信号 $x_{B1}(t)$ 经过 VMD-希尔伯特算法降噪后，振幅从 $-1\sim1V$ 降到了 $-0.1\sim0.1V$。因此，VMD-希尔伯特变换算法具有良好的降噪性能。由图 4-51j 可知，两路信号经过 VMD-希尔伯特变换算法降噪后，互相关系数峰值约为 0.59。根据表 2-1 可知，互相关系数在 $0.60\sim0.80$ 之间，属于强相关。时间差 $\Delta t=0.005s$，波速 $v=1278m/s$，由式（2-1）得 $L'_A=11.67m$，相对定位误差 $\delta=|11.67-11.16|/16.95=3.01\%$。

与图 4-49c 和图 4-50g 相比，互相关系数从 0.1577 和 0.1368 提高到了 0.5882。因此，相比于互相关算法和 VMD-互相关系数算法，VMD-希尔伯特变换算法能够更有效地抑制泄漏信号中的噪声。

为了更直观地了解泄漏信号 $x_{A1}(t)$ 和 $x_{B1}(t)$ 降噪前后的频率分布，采用快速傅里叶变换（FFT）对信号进行处理，如图 4-52 所示。其中，图 4-52a 所示为泄漏信号 $x_{A1}(t)$ 降噪前的频谱，图 4-52b 所示为泄漏信号 $x_{B1}(t)$ 降噪前的频谱，图 4-52c 所示为泄漏信号 $x_{A1}(t)$ 降噪后的频谱，图 4-52d 所示为泄漏信号 $x_{B1}(t)$ 降噪后的频谱。

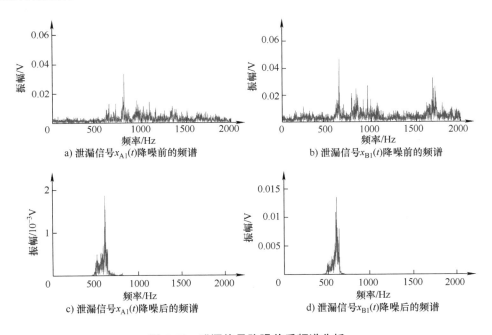

a) 泄漏信号 $x_{A1}(t)$ 降噪前的频谱　　　　b) 泄漏信号 $x_{B1}(t)$ 降噪前的频谱

c) 泄漏信号 $x_{A1}(t)$ 降噪后的频谱　　　　d) 泄漏信号 $x_{B1}(t)$ 降噪后的频谱

图 4-52　泄漏信号降噪前后频谱分析

由图 4-52a 和图 4-52c 可知，泄漏信号 $x_{A1}(t)$ 经过 VMD-希尔伯特变换算法降噪后，信号中不同频带的噪声被抑制了。由图 4-52b 和图 4-52d 可知，泄漏信号 $x_{B1}(t)$ 经过 VMD-希尔伯特变换算法降噪后，信号中不同频带的噪声也被抑制了。因此，VMD-希尔伯特变换算法具有很强的降噪性能。

4. 各算法的试验结果

试验中使用了 3 种不同的算法对泄漏信号进行处理，泄漏定位结果见表 4-23。其中，L_A 为泄漏点与传感器 A 之间的实际距离，L'_A 为算法的定位距离，δ 为算法的相对误差。

由表 4-23 可知，泄漏信号直接进行定位相对误差较大；使用 VMD-互相关系数算法，有一定的降噪效果，但泄漏信号仍然存在大量的噪声，定位相对误差仍然较大；使用 VMD-Hilbert 变换算法降噪效果较好，定位相对误差非常小。

表 4-23　泄漏定位结果

算法	L_A/m	L'_A/m	δ(%)
互相关算法	11.16	19.36	48.26
VMD-互相关系数算法	11.16	18.86	45.43
VMD-希尔伯特算法	11.16	11.67	3.01

5. 试验结果统计与分析

为了测试 VMD-希尔伯特变换算法的实际降噪性能，进行了大量的试验，部分试验结果见表 4-24。其中，泄漏点 1 和泄漏点 2 各采集了 10 组数据。假设 L 为两个传感器之间的距离；L_A 为泄漏点与传感器 A 之间的实际距离；L'_{A1} 为经过互相关算法的定位结果，相对定位误差为 δ_1；L'_{A2} 为经过 VMD-互相关系数算法降噪后的定位结果，相对定位误差为 δ_2；L'_{A3} 为经过 VMD-希尔伯特变换算法降噪后的定位结果，相对定位误差为 δ_3。

互相关算法在定位时容易受到噪声干扰，适应性较差。由表 4-24 可知，互相关算法的最小相对误差为 11.10%。当噪声较大时，这种算法甚至定位到了管道外，定位结果非常不稳定。VMD-互相关系数算法受噪声影响也较大。当噪声较小时，最小相对误差为 6.39%；当噪声较大时，相对误差为 114.22%，也定位到了管道外，定位结果也不稳定，抗干扰能力差。VMD-希尔伯特变换算法具有较强的降噪性能和抗干扰能力。由表 4-24 可知，VMD- 希尔伯特变换算法定位的最小相对误差为 0.18%，最大相对误差为 9.24%。与其他两种算法相比，VMD- 希尔伯特变换算法具有更强的降噪性能、更稳定的泄漏定位结果以及更小的泄漏定位相对误差。

表 4-24　不同算法的泄漏定位结果

L/m	泄漏点	L_A/m	L'_{A1}/m	$\delta_1(\%)$	L'_{A2}/m	$\delta_2(\%)$	L'_{A3}/m	$\delta_3(\%)$
16.95	1	11.16	4.16	41.29	30.52	114.22	11.83	3.95
			29.40	107.62	15.66	26.57	9.59	9.24
			18.54	43.54	18.54	43.54	10.07	6.42
			15.34	24.69	8.79	13.96	11.19	0.18
			4.96	36.58	4.96	36.58	9.59	9.24
			4.80	37.52	−3.51	86.53	9.59	9.24
			0.97	60.14	0.01	65.79	10.07	6.42
			19.34	48.25	13.75	15.26	11.67	3.01
			15.82	27.51	16.14	29.40	11.67	3.01
			3.84	43.17	5.60	32.81	11.19	0.18
	2	8.28	10.23	11.52	10.23	11.52	9.11	4.92
			5.76	14.87	−6.38	86.50	7.04	7.33
			−1.59	58.23	−1.91	60.11	6.72	9.22
			−2.55	63.88	−4.15	73.31	8.63	2.09
			−2.23	62.00	−2.55	63.88	9.11	4.92
			6.40	11.10	5.76	14.87	7.04	7.33
			5.92	13.93	5.60	15.81	8.16	0.73
			11.67	20.00	0.97	43.15	8.16	0.73
			5.60	15.81	2.88	31.84	7.20	6.39
			5.76	14.87	7.18	6.39	7.68	3.56

4.4 本章小结

本章搭建了一套输水管道泄漏模拟试验平台。通过泄漏模拟试验，验证了基于负压波信号的输水管道泄漏识别与定位，以及基于声发射信号的管道泄漏识别与泄漏点定位方法的性能，为后续的泄漏识别及泄漏点定位的现场试验研究奠定了基础。

第 5 章 原水管道泄漏识别和泄漏点定位

前面几章主要介绍了目前最常用的基于负压波方法和基于声发射方法的输水管道泄漏检测与定位研究的一些结果。为了将理论研究成功应用到真实的输水管道泄漏检测与定位中,本章将以上海市青草沙水源地原水工程严桥支线部分管段及井室为研究对象,搭建原水管道泄漏检测系统,对压力数据进行实时自动采集和无线传输,以及实时分析,实现原水管道泄漏检测和泄漏点定位。原水管道系统肩负着向城市地区和一些郊区水厂供应优质原水的重任。随着管道使用寿命的延长、安装过程中的施工问题、管道的自然腐蚀和老化以及人为因素造成的管道损坏,管道不安全运行的可能性会增加。原水管道一旦发生泄漏,不仅会造成水资源的浪费,还会影响市政供水能力和城市运营效率,甚至给当地造成不可逆转的经济损失和环境破坏。因此,研究管道泄漏检测的理论问题和实施技术,不仅对管道的安全运行和管理具有重要意义,而且对国民经济和民生具有重大的社会和现实意义。由于本章的研究对象是真实运行中的管道,考虑到传感设备的安装和传输距离的限制,故本章仅讨论基于压力信号的处理与分析。

5.1 原水管道泄漏检测方法

真实的负压波信号具有非线性和非平稳特性,传统的信号处理技术不能很好地直接应用于泄漏检测,而模式识别技术作为一种以图像处理与计算机视觉、脑网络组、类脑智能等为主要研究方向的计算方法,它的发展为识别复杂原水管道负压波泄漏特征提供了技术支撑。在过去的几十年里,基于机器学习(machine learning,ML)的模式识别技术发展迅速,如人工神经网络(artificial neural network,ANN)和支持向量机(support vector machine,SVM)。Li 等人从输水管道的声发射信号中提取泄漏特征,并基于 ANN 构建了一个用于识别泄漏的分类器。Yan 等人提出了一种基于主成分分析(principal component analysis,PCA)和 SVM 的可解释泄漏检测算法,该算法利用合成孔径雷达(SAR)数据进行特征提取和分类,实现了 91.86% 的检测准确率,但与传统的机器学习方法类似，泄漏识别的准确性仍然取决于手动提取特征的质量。

深度学习（deep learning，DL）是机器学习领域的一个新的研究方向。它解决了许多复杂的模式识别问题，并在人工智能相关技术方面取得了重大进展。因此，近年来，DL 也被引入管道故障特征提取技术。该模型可以直接从原始数据中学习特征，使用它来学习原始数据并输出非线性模型，并对泄漏的数据进行端到端的分类。Zhang 等人将注意力机制（attention mechanism，AM）与 LSTM 网络相结合，为泄漏位置附近的传感器分配了更高的注意力权重。Liu 等人提出了一种基于 LSTM-GAN 的水管网泄漏检测方法，通过生成合成泄漏信号来增强数据集，该方法有效地提高了有限数据条件下的检测性能。Rajasekaran 等人提出了一种基于一维时间序列 DenseNet 的统一架构，能够使用单个传感器进行泄漏检测和定位，而不需要去噪技术。该模型在不同压力条件下具有 99.08% 的高精度。Yan 等人介绍了一种多源、多模态特征融合方法，该方法将多个传感器数据转换为二维时频图像。通过双信息融合模块和多尺度卷积模块，该方法显著提高了小规模泄漏的检测精度。Liang 等人通过构建基于监控和数据采集系统的管道过程模型，结合卷积神经网络和双向长短期记忆网络，实现了小规模泄漏检测性能的显著提高，试验结果显示检测率分别为 94.06% 和 92.16%。

虽然基于深度学习的泄漏检测方法已经取得了重大的进步，但仍然存在一些不足。例如，CNN 在特征提取方面表现出众，但在全局上下文理解能力和位置信息方面存在限制，其感知范围有限，不具备良好的位置感知能力，同时参数量较大，这导致在某些任务中难以捕捉到关键的泄漏特征。循环神经网络 RNN 和长短期记忆网络 LSTM 在序列数据处理方面具有优势，但却存在序列敏感性、计算效率低和长期依赖问题。这些问题限制了模型的鲁棒性和适用性，尤其是在需要实时或高并发处理的情景下，其性能可能无法满足要求。Transformer（转换器）模型的提出为解决上述问题提供了一个有效的方案。Transformer 模型和注意力机制在时间序列任务中显示出显著的效果。对于泄漏检测任务，其全局建模能力使模型能够更好地理解信号中的全局特征，从而实现高精度检测。例如，Li 等人将 Transformer 框架应用于天然气管道泄漏孔径的识别，取得了满意的识别率。

实际上，模型学习到有效特征的前提条件是需要大量的数据做支撑的，而实际运行中的传感器采集到的包含特征的数据量往往不满足该特点，因此研究者们提出了模型的迁移学习（transfer learning，TL），将经过预训练的模型使用迁移学习，那么特征提取对数据量的要求将大大降低。Park 等人提出了一种基于光谱特征提取和传递学习的自适应泄漏检测模型，通过结合自动编码器，该模型即使在数据有限的情况下，也能实现高精度的泄漏检测。实验结果表明，其检测准确率高达 99.19%。目前鲜有文献报道使用 Transformer 对在原水管道泄漏数据上进行迁移学习。

本章将要介绍一种基于 Transformer 和 TL 的输水管道泄漏检测方法。该方法首先通过引入一种变窗输入法对 Transformer 模型进行改进，以确保注意力权重计算的准确性；然后使用该改进的 Transformer 编码器，在含有丰富泄漏特征的实验数据集上进行预训练，使模型学习管道泄漏的基础特征；最后将模型迁移至原水管道数据集中，实现模型的进一步学习与调整，使其更适应原水管道的数据特征。这两个阶段的结合使模型在源任务上获得通用特征同时，在目标任务上通过微调进行定制，以实现更好的性能和泛化能力。试验结果表明，该检测方法具有很好的应用效果，在实际运行原水管道上实现了泄漏故障 100% 检测且误警率为 0。考虑到检测到泄漏后，还有一个非常重要的工作是对泄漏点进行定位，以方便工作人员做出快速响应，防止漏损带来的影响进一步扩散，所以为了实现对真实运行原水管道的泄漏点精确定位，设计了一种新颖的泄漏信号时延计算方法。该方法先对压力信号进行降噪并初选拐点，考虑到负压波到传感器之间的信息存在于整段信号之中，所以通过遍历信号从拐点到最低点之间的所有点，计算它们与拐点之间的所有斜率，最终获得信号时延，最终实现泄漏点定位。

5.1.1 负压波数据集

1. 原水管道负压波数据集

（1）管线概况　现场试验管线位于上海市的一段原水管道，试验管线的概况如图 5-1 所示。在井 J15 和 J23 使用高频动态压力传感器检测压力，在井 J22 打开阀门模拟泄漏。J15 与 J22 的距离约为 4981m，J15 与 J23 的距离约为 5891m，J22 与 J23 的距离约为 910m。管道直径为 3.6m。

（2）压力传感器　项目现场安装的高频动态压力传感器如图 5-2 所示。HM90 压力传感器通过螺纹连接支管，实现了对主管压力的检测。井 J23 与 J15 各安装了一个 HM90 压力传感器。

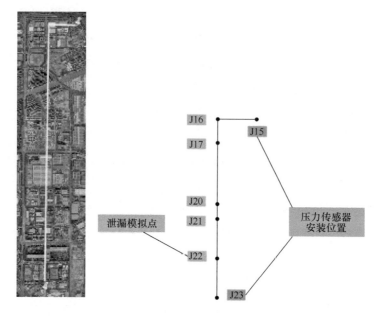

图 5-1 试验管线的概况

图 5-2 压力传感器及其安装

（3）加速度传感器　项目现场安装的加速度传感器如图 5-3 所示。加速度传感器通过磁铁吸附的方式安装于直径 3.6m 的主管道上。其中，黑色线能传输加速度传感器的信号，并为其提供电源。

（4）采集设备　采集设备对传感器的信号进行 500Hz 采样。该设备利用 GPS 对数据进行校时，并通过 4G 发送至服务器。采集设备及其安装位置如图 5-4 所示，当所有指示灯正常闪烁时该设备开始正常运行。

图 5-3　加速度传感器及其安装

图 5-4　采集设备及其安装

（5）供电设备

1）采集设备及压力变送器的供电设备如图 5-5 所示。太阳能板为蓄电池充电，蓄电池通过配电箱为采集设备以及压力变送器提供 DC 12V 电源。

图 5-5　供电设备

2）加速度传感器的供电设备如图 5-6 所示。加速度传感器通过恒流源适调器供电，并输出信号至采集设备。

图 5-6　加速度传感器的供电设备

（6）管道设备

1）主管。主管大部分位于地下 10m 左右，管道直径为 3.6m，传感器安装于主管的支管上。图 5-7 所示为通向主管的竖井以及主管的部分管段。

图 5-7　通向主管的竖井以及主管的部分管段

2）模拟泄漏的阀门。如图 5-8 所示，试验通过在井 J22 打开阀门模拟泄漏。该阀门为蝶阀，全开的直径为 200mm。该阀门通过打开不同的开度模拟不同面积的泄漏。

阀门开度与泄漏面积的关系见表 5-1。

图 5-8 泄漏模拟现场

表 5-1 阀门开度与泄漏面积的关系

阀门开度/(°)	泄漏面积 S_L/m^2	管道横截面面积 S_P/m^2	S_L/S_P
45	0.0157	9.820	3.020
60	0.0236	12.416	5.616
90	0.0314	16.187	9.387

每次模拟泄漏的时间为 10min，收集了 19 组泄漏数据，每组数据包含上游和下游 NPW 信号，见表 5-2。

表 5-2 不同阀门开度的数据集数量

阀门开度/(°)	0	22.5	45	60	90
数据量	475	3	6	5	5

2023 年，作者进行了现场开阀模拟泄漏试验，共收集到 5 个泄漏数据集来验证本书所介绍方法的定位结果。对于无泄漏数据，收集了相同管道条件下连续三天的管道运行数据，共有 475 组，950 条数据。图 5-9 所示为一天从 14：00 到 22：00 的原水管道内压力的波动，其中包括模拟的泄漏压力变化和管道中的正常压力波动。从图 5-9 中可以看出，系统压力调节或负载变化导致的其他因素引起的压力变化与泄漏引起的压力变化非常相似，这将对泄漏检测的正确性产生不利影响。

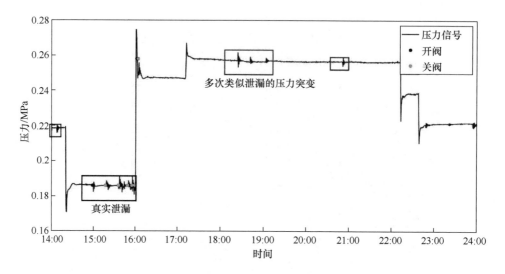

图 5-9 原水管道内压力的波动

2. 实验室管道负压波数据集

进行泄漏模拟试验的管道是一条真实运行的原水管道，考虑到运行安全等因素，不能大量进行泄漏模拟试验；并且由于其他各种原因，也无法获得实际管道泄漏的历史数据。因此，为了丰富用于训练学习模型的大规模管道泄漏数据，利用 4.1 节搭建的输水管道泄漏模拟试验平台模拟泄漏，采集负压波数据。实验室和原水管道采集的负压波信号如图 5-10 所示。

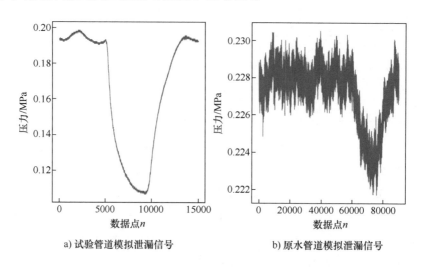

图 5-10 实验室和原水管道采集的负压波信号

从图 5-10 中可以看出，当发生泄漏时，实际管道和试验管道收集到的泄漏信号具有相同的泄漏特性。

3. 数据集划分

为了提高学习模型的有效性，建立了两个包含不同管道压力特征的数据集。其中一个称为实验室管道压力数据集，包括原水管道无泄漏的压力数据和试验管道有泄漏的数据；另一个数据集称为原水管道压力数据集，由 190 个随机选择的原水管道压力数据组成，包括无泄漏压力数据和有泄漏压力数据。按照 6∶2∶2 的比例，将两个数据集分为训练集、验证集和测试集，见表 5-3。其中，试验管道数据集包含 1681 个训练数据、561 个验证数据和 560 个测试数据，原水管道数据集包含 136 个训练数据、47 个验证数据和 45 个测试数据。

表 5-3　数据集划分

数据集	训练数据/个	验证数据/个	测试数据/个
实验室管道压力数据集	1681	561	560
原水管道压力数据集	136	47	45

5.1.2　基于变窗法的 Transformer

Transformer 利用注意力机制来表示输入和输出之间的全局依赖关系，具有强大的序列全局建模能力。典型的 Transformer 编码器由 N 个相同的层组成，每一层主要由多头自注意层和前馈神经网络组成。对于铺设在原水管道上的压力传感器而言，其采集的负压波信号往往是样本点上万的长序列，标准 Transformer 在处理长序列时往往会发生内存溢出。对于长输管道而言，当其发生泄漏时，即便泄漏位置不同但泄漏量及其他特征相同的点可能很多，这些点可能本身并不存在相关性，但传统的向量映射会将这些点映射为相同的嵌入向量，从而影响注意力权重的计算。为了解决该问题，在 Transformer 的数据处理过程中引入了一种变窗输入方法（shift window input，SwinI），其编码器架构如图 5-11 所示。

首先对负压波泄漏数据进行移动平均处理，并将数据序列长度调整为 L_1；然后使用一个具有固定长度的滑动窗口遍历整个时间序列。在这个过程中，窗口内的短序列被视为一个长度为 L_2 的嵌入向量，那么窗口的长度则为 L_1/L_2。

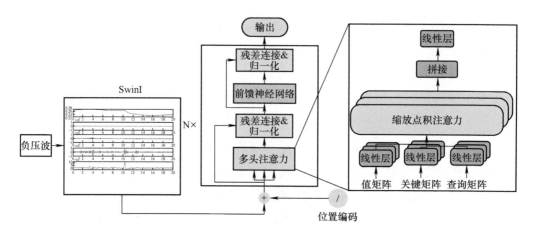

图 5-11 编码器架构

下面举一个例子对编码器使用效果进行说明。如图 5-12 所示，有一组长度不等的原始数据，通过移动平均将其长度缩短至 4096，用长度为 8 的滑动窗口遍历序列，窗口内长度为 8 的短序列则被定义为一个嵌入向量，最终序列被化为维度 512×8 的嵌入向量。这种处理方式可以在有效缩短负压波信号数据序列长度的同时，保留整个序列的细粒度特征和数据中的重要信息，为后续分析和训练提供更具代表性的输入。

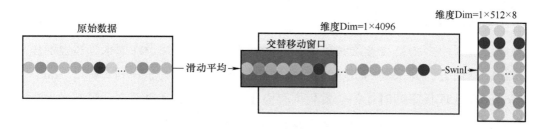

图 5-12 变窗输入示例

为了帮助模型理解序列中不同元素的相对位置和顺序，更好地捕捉到序列中的信号特征，在对负压波信号进行 SwinI 处理后对其添加位置编码，然后分别经过线性映射转化为不同的查询矩阵 $Q = x \times W_q$、关键矩阵 $K = x \times W_k$ 和值矩阵 $V = x \times W_v$（其中，W_q、W_k、W_v 均为可学习的权重矩阵，x 为经过 SwinI 处理后得到的嵌入向量），由这三个特征矩阵通过点积注意力机制计算得到注意力权重矩阵 $Attention(Q,K,V)$，见式（5-1）。接下来，通过多头自注意力子层计算的注意力权重被拼接 concat 函数输出为 M，具体见式（5-2）。然后，在 M 上应用残差连接和层标准化进行正则化，随后输入到前馈神经网络。该前馈神经网络由两个完全连接的层组成，其中每个层都使用门控线性单元（gated linear unit，GLU）进行激活。最后，通过残差连接和层标准化得到最终的输出。

$$\text{Attention}(\boldsymbol{Q},\boldsymbol{K},\boldsymbol{V}) = \text{softmax}\left(\frac{\boldsymbol{Q}\times\boldsymbol{K}^T}{\sqrt{d_k}}\right)\times \boldsymbol{V} \quad (5\text{-}1)$$

$$\begin{aligned}M(\boldsymbol{Q},\boldsymbol{K},\boldsymbol{V}) &= \text{Concat}(\text{head}_1,\cdots,\text{head}_h)\times \boldsymbol{W}^o\\ \text{head}_i &= \text{Attention}(\boldsymbol{Q}\boldsymbol{W}_i^Q,\boldsymbol{K}\boldsymbol{W}_i^K,\boldsymbol{V}\boldsymbol{W}_i^V)\end{aligned} \quad (5\text{-}2)$$

式中　　　　　d——关键矩阵 $\boldsymbol{K}$ 的维度矩阵 $\boldsymbol{W}^o$ 被引入作为可学习的信息融合权重矩阵；

head_i（$i = 1,\cdots,h$）——单头注意力层的输出。

5.1.3　基于参数的 Transformer-TL

为了验证算法的有效性，除了通过搭建模拟平台，采集大量试验数据训练模型以外，真实输水管道上的泄漏数据也非常重要。然而，如前所述，目前实际输水管道很少发生频繁泄漏。考虑到城市供水等因素，对正常运行的水管进行大量的泄漏模拟试验是不现实的，因此关于输水管道的实际泄漏数据很少。以上诸多因素将导致 Transformer 编码器无法完全学习实际数据集的有效特征。在这种情况下，采用基于 Transformer 的 TL 策略尤为重要，它可以有效地解决数据不足的问题，提高模型的性能和适用性。TL 的实现通过其四种方法提供了灵活性和多样性。其中，基于参数的迁移学习已被广泛证明在各种场景中具有出色的性能。该方法通过从一个数据集中学习适当的特征映射参数，将其应用于另一个目标数据集，并利用了不同数据集之间的相似性。这直接影响到模型的泛化能力和学习效果。在管道泄漏检测中，传递学习的特征提取能力和先验知识可用于提高检测精度和效率。因此，为了实现高效准确的管道泄漏检测任务，采用了一种基于参数的迁移学习方法。

Pan 和 Yang 提供了 TL 及其相关概念的权威定义。TL 的实现方法可分为四类：基于实例、基于特征、基于参数和基于关系。基于实例的 TL 通过对源数据的重新权衡和重用，提升了目标数据的网络训练效果。基于特征的 TL 则将特征表示从源数据转移到目标数据，并生成新的特征，再利用机器学习方法更好地完成目标任务。基于参数的 TL 实现了模型级别的知识转移，也称为基于模型的 TL，假设源数据中学到的参数（权重）或先验知识可以与目标数据共享。基于关系的 TL 用于挖掘源数据和目标数据之间的关系知识。本书的研究旨在通过 TL 实现管道泄漏检测的高效性和准确性，主要利用 TL 的特征提取能力或先验知识，而不是重新权衡和关系挖掘。因此，针对真实输水管道检测，提出了一种基于参数的 Transformer-TL 方法。其执行框架如图 5-13 所示，具体过程如下：

第一步：实验室模拟泄漏管道上收集的数据被定义为源数据集。在原水管道上收集的数据被定义为目标数据集。5.1.1 小节详细描述了这两个数据集的划分。所有数据都使用移动平均和 SwinI 进行预处理。

第二步：Transformer 编码器在源数据集中的训练集上进行训练，并在损失函数收敛时完成其预训练。

第三步：预训练模型对目标数据集中的验证集进行微调，一旦损失函数收敛到验证集，那么微调过程结束。

第四步：经过微调后，模型将在目标数据集中的测试集上进行评估，以验证其分类能力，最终实现数据的有效分类。

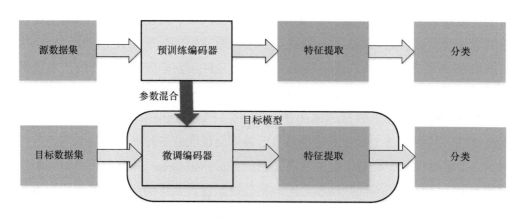

图 5-13　基于参数的 Transformer-TL 执行框架

迁移学习策略的应用增强了模型在不同数据集和现实环境中的鲁棒性。通过在实验室数据集上对模型进行预训练，模型学习了各种泄漏特征；然后用少量实际管道泄漏数据对模型进行微调，以更好地适应实际应用中的环境变化和设备差异。这种两阶段训练方法不仅提高了模型的泛化能力，而且确保了在小规模数据集和高噪声环境中的稳定性能。

5.2 泄漏定位方法

5.2.1 负压波拐点初定位

正如前文所述，管道上下游传感器捕捉到的泄漏信号通常存在时延关系，它们呈相似的信号特征。将这两段信号相减即可得到一个差信号，拐点在差信号中表现为一个极值点。只要提取到负压波信号的其中一个拐点，就可以利用上下游信号之间的相关性来寻找另一个拐点的信息。考虑到在泄漏事件发生时，信号将经历短暂的线性变化，而互相关系数被认为非常适合度量两条序列之间的线性关系。因此，为了准确定位其他负压波拐点，设计了一种基于互相关系数的相关遍历法。具体实现步骤如下：

第一步：对负压波信号降噪。真实信号中存在着大量的噪声，这些噪声不可避免地会影响拐点的定位精度，因此应首先对信号进行降噪处理。降噪处理采用了小波去噪方法。

第二步：为了计算方便，首先通过互相关分析确定泄漏点和两个传感器之间的距离。将更靠近传感器的泄漏点定义为下游信号（DS），另一个信号定义为上游信号（US）。

第三步：遍历信号 DS 和信号 US，分别定位最低点横坐标 $bott_n$ 和 $bott_m$，并对两路负压波信号做减法得到融合信号（Fuse）。

第四步：在融合信号中，计算从初始时刻到 $bott_m$ 之间所有点的平均值，设定整段信号数据中最后一个大于平均值的极大值点为 DS 信号的拐点 $leak_m$。

第五步：对于 US 信号而言，因为 $leak_m$ 滞后于拐点发生时刻，因此从 DS 中截取从点 $leak_m$ 到点 $bott_m$ 间的信号记为 M，截取 US 中从 $leak_m$ 到 $bott_n$ 间的点记为信号 N。遍历信号 N，并向后截取与 M 相同长度的信号，计算其与 M 间的互相关系数，那么互相关系数最大的点即为信号 US 的拐点。

为了验证上述方法的有效性，通过式（5-3）和式（5-4）构建了上游的泄漏仿真信号 Upstream（n）和下游的泄漏仿真信号 Downstream（n），使用正弦函数模拟管道的正常波动，使用直线模拟泄漏发生时的线性变化。在 300 和 250 处分别设置为负压波拐点。下游信号则模拟了距离泄漏点较近的传感器采集的泄漏信号。

$$\text{Upstream}(n) = \begin{cases} 3+\sin\left(\dfrac{44}{n}\right), & 0 \leq n < 300 \\ 3-0.01n, & 300 \leq n < 500 \\ 1+0.01n, & 500 \leq n < 700 \\ 3+\sin\left(\dfrac{44}{n}\right), & 700 \leq n \leq 1000 \end{cases} \quad (5\text{-}3)$$

$$\text{Downstream}(n) = \begin{cases} 3+\sin\left(\dfrac{44}{n}\right), & 0 \leq n < 250 \\ 3-0.01n, & 250 \leq n < 450 \\ 1+0.01n, & 450 \leq n < 650 \\ 3+\sin\left(\dfrac{44}{n}\right), & 650 \leq n \leq 1000 \end{cases} \quad (5\text{-}4)$$

图 5-14 所示为仿真信号的定位结果，从上到下分别为下游信号、上游信号、融合信号以及互相关系数。下游信号中涂灰部分的信号为截取信号 M，上游信号中涂灰部分的信号为截取信号 N。通过相关性遍历，在融合信号中的 250 点处定位到了下游信号的拐点，上游信号的拐点定位在互相关系数最大的 300 点处。该结果表明本节所提方法对上述仿真条件下泄漏信号拐点提取有效。

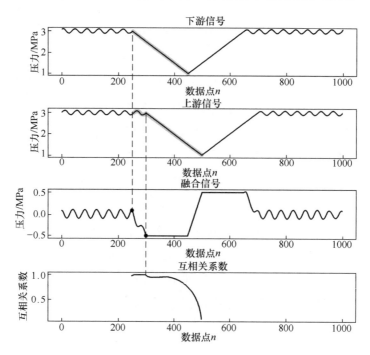

图 5-14　仿真信号定位结果

5.2.2 负压波拐点定位

由拐点定位式（1-1）可知，时延的准确计算对于泄漏点的精确定位十分关键，显然时延的信息不止由拐点表现，而是蕴藏在于整段信号中。图 5-15 所示为对原水管道模拟泄漏引发负压波信号的局部放大，其中 Ⅰ 区域是管道内正常的压力波动，Ⅱ 区域则是由于泄漏引发的负压波，Ⅲ 区域则主要是输水管道内系统压力自动调整后的压力波。显然整个 Ⅱ 区域内波段包含的所有点与拐点一样均包含了压降的信息，利用这些点可以丰富负压波压降特征，提高拐点定位精度。基于这一思想，在利用 5.2.1 小节中的相关遍历法找到初始拐点后，提出一种基于时延局部优化方法。具体如下：

第一步：在不同的两个采样点之间，它们构成直线的斜率也不尽相同，为了增大斜率值的差异，对 US 和 DS 的初始拐点 $leak_n$、$leak_m$ 进行统一位置变换，得到 $transLeak_n$ 和 $transLeak_m$。

第二步：在 US 信号中，遍历 $leak_n$ 与最低点 $bott_n$ 之间的所有点，并计算它们与 $transLeak_n$ 的斜率，得到斜率列表 $list_n$。采用同样的处理方式可得到 DS 信号的斜率列表 $list_m$。

第三步：遍历 $list_n$ 中的每个点，同时在 $list_m$ 中找到与当前 $list_n$ 遍历点值差最小的点，这两个点之间的差异定义为一个时延。那么完成一次 $list_n$ 的遍历后，就得到一个与 $list_n$ 同样长度的 $list_{lay}$ 列表。

第四步：计算 $list_{lay}$ 的平均值得优化后的时延 $time_{lay}$，由该时延值得到最终的 Δt。

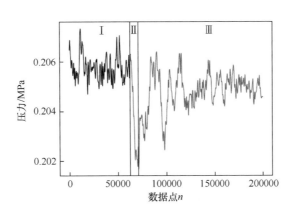

图 5-15 原水管道模拟泄漏引发负压波信号的局部放大

基于信号差分的定位方法依赖于波形特征,其鲁棒性主要取决于有效的去噪。然而,通过使用相关遍历,该算法在搜索所有可能的延迟点的同时优化了时延信息,从而增强了定位过程的鲁棒性。

5.3 试验与结果分析

5.3.1 泄漏检测结果与分析

1. 试验环境及参数配置

本章的模型是在 Pycharm 上用 Pytorch 库搭建的,所有试验均是在 NVIDIA GeForce GTX 1650 GPU 上进行训练和测试。模型采用单层编码器,多头数量 h 为 4,训练模型的损失函数为交叉熵损失函数,优化器采用 Adam,初始学习率采取 1×10^{-4},学习率通过余弦退火调整,设置 T_max 为 500,批次大小设为 8,第一次训练 50 轮,第二次训练 500 轮。

2. 评估指标

为了验证模型的性能,使用表 5-3 中的原水管道数据集和实验室管道数据集的测试集进行了验证试验,并通过结合多种指标对训练好的模型进行了评估。泄漏检测是一项分类任务。为了评估模型在泄漏检测任务中的性能,使用准确性(accuracy,Acc)、精确度(precision,P)、召回率(recall,R)、F1 分数(F)和混淆矩阵作为评估指标。而对于不同模型之间的比较,使用假阳性率(false positive rate,FPR)和假阴性率(false negative rate,FNR)作为评价指标。相关计算公式见式(5-5)~式(5-10)和表 5-4。

$$\mathrm{Acc} = \frac{\mathrm{TP+TN}}{\mathrm{TP+FP+TN+FN}} \quad (5\text{-}5)$$

$$P = \frac{\mathrm{TP}}{\mathrm{TP+FP}} \quad (5\text{-}6)$$

$$R = \frac{\mathrm{TP}}{\mathrm{TP+FN}} \quad (5\text{-}7)$$

$$F = 2\times\frac{PR}{P+R} \quad (5\text{-}8)$$

$$FPR = \frac{FN}{TP + FN} \tag{5-9}$$

$$FNR = \frac{FP}{FP + TN} \tag{5-10}$$

式中　TP——真阳性，表示被正确分类的正样本个数；
　　　TN——真阴性，表示被正确分类的负样本个数；
　　　FP——假阳性，表示被错误分类的正样本个数；
　　　FN——假阴性，表示被错误分类的负样本个数。

表 5-4　混淆矩阵计算方法

实际情况	预测为正	预测为负
实际为正	真阳性（TP）	假阴性（FN）
实际为负	假阳性（FP）	真阴性（TN）

3. 消融试验

为了全面评估各种技术组合对泄漏检测算法有效性的影响，设计和进行了消融试验。该试验通过在指定为原水管道数据集的数据集上比较不同组合的性能，仔细研究了使用 Transformer 模型、迁移学习 TL 和 SwinI 技术的有效性。表 5-5 所示为消融试验结果，其中描述了两个不同的数据集：B_1 表示原水管道数据集，B_2 表示试验管道数据集。B_1 数据集的结果表明，当单独部署 Transformer 模型时，它无法达到所需的性能阈值，精度 P、召回率 R 和 F1 分数 F 为 0。这一结果表明，该模型显然无法从有限的数据集中有效地提取泄漏特征。然而，迁移学习的整合使所有绩效指标都得到了显著改善，提高到了 100%。这一重大改进凸显了迁移学习在增强模型对较小数据集的适应性和提高学习过程效率方面的关键作用。

此外，对包含大量数据的 B_2 数据集的分析表明，仅使用 Transformer 可以生成高性能指标，精度 P、召回率 R 和分数 F1 分数 F 均超过 99%。当有足够的数据支持时，这种性能证明了 Transformer 强大的学习能力。随后，SwinI 技术的引入略微提高了这些性能指标，精度 P 提高了 0.27%，F1 分数 F 提高了 0.13%。尽管这些增量并不显著，但它们验证了 SwinI 技术在提高模型特征提取能力方面的有效性。该试验的结果不仅强调了数据量对模型性能的关键影响，还阐明了迁移学习和 SwinI 技术在提高泄漏检测效率方面的强大能力。具体而言，迁移学习显著改善了受数据可用性约束的场景中的模型性能，而 SwinI 技术的加入进一步优化了模型在特征提取方面的能力，甚至在数据丰富的环境中产生了轻微的性能提升。

表 5-5 消融试验结果

数据集	Transformer	TL	SwinI	$P(\%)$	$R(\%)$	$F(\%)$
B_1	✓			0	0	0
	✓		✓	0	0	0
	✓	✓		100	100	100
	✓	✓	✓	100	100	100
B_2	✓			99.46	100	99.73
	✓		✓	99.73	100	99.86

同样，混淆矩阵中的观察结果（见图 5-16）进一步支持了这一结论。图 5-16a 所示为第一次训练后模型在相应测试集上的混淆矩阵，图 5-16b 所示为第二次训练后模块在相应测试集中的混淆矩阵。该模型在正样本和负样本识别方面表现良好，并在这种情况下证明了迁移学习的有效性。

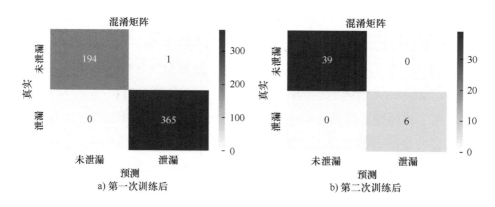

a) 第一次训练后　　　　b) 第二次训练后

图 5-16 混淆矩阵

4. 比较试验

为了进一步验证该算法的性能，对各种算法进行了比较试验。评估模型性能的策略包括：首先，在试验管道数据集上训练模型并对其进行评估；其次，使用试验管道数据集中的预训练模型在完全参数转换后继续训练原水管道数据集，并对其测试集进行最终评估。表 5-6 提供了两个数据集的假阴性率（FNR）和假阳性率（FPR）的详细定量评估结果。与 SwinI 技术集成的 Transformer 模型在两个数据集上都实现了最低的 FNR 和 FPR，FNR 为 0，证明了其出色的泄漏检测能力和极低的漏检率。相比之下，其他模型在性能上表现出显著的可变性。

表 5-6 模型对比试验结果

数据集	模型	FNR（%）	FPR（%）
试验管道数据集	Transformer&SwinI	0	0.51
	Transformer	0	1.03
	Conformer	0	1.54
	注意力增强 LSTM	0	3.08
	1DCNN	0.27	1.03
	Fnet	0.82	1.03
	LSTM	3.01	3.59
	TCN	3.01	13.85
	GRU	4.11	5.64
原水管道数据集	Transformer&SwinI	0	0
	Transformer	0	0
	Fnet	0	5.13
	Attention-enhanced LSTM	0	5.13
	Conformer	16.67	0
	GRU	16.67	2.56
	1DCNN	33.33	0
	LSTM	83.33	0
	TCN	83.33	2.56

在数据量较大的试验管道数据集上，LSTM 和 GRU 的 FNR 分别为 3.01% 和 4.11%，相应的 FPR 分别为 3.59% 和 5.64%。结果表明，这些模型容易漏检和误报。尽管 TCN 模型具有与 LSTM 相同的 FNR（3.01%），但它表现出最高的 FPR（13.85%），这可能会由于高误报率而限制其实际效用。包含注意力机制的模型，如 Transformer、Conformer 和注意力增强 LSTM，以及基于 Transformer 的 Fnet，在控制漏检方面表现良好，FNR 低于 1%，FPR 约为 1%。然而，注意力增强型 LSTM 略高于此范围，FPR 为 3.08%。值得注意的是，当有足够的数据支持时，1DCNN 表现出优异的泄漏检测效率，FNR 很低，

为 0.27%，FPR 为 1.03%。

在小规模原水管道数据集中，尽管进行了全参数传输，但有限的数据量仍然对模型性能构成重大挑战。然而，与 SwinI 集成的 Transformer 保持了最佳性能，FNR 和 FPR 均为 0。相比之下，Conformer 和 GRU 等模型的 FNR 更高，为 16.67%，而 LSTM 和 TCN 的性能尤其差，FNR 达到 83.33%。此外，由于数据不足，之前有效的 1DCNN 的 FNR 增加到 33.3%。Fnet 和注意力增强 LSTM 也显示出更高的误报率，均为 5.13%。在整个试验过程中，Transformer 模型的性能和与 Transformer&SwinI 模型的性能非常接近，特别是在原水管道数据集中，两者都达到了 0 的 FNR 和 FPR。然而，在更大的试验管道数据集中，SwinI 的集成将 FPR 从 1.03% 降低到 0.51%，显示出增强的性能。

接下来分析在比较试验中性能最佳的四个模型的复杂性和效率。模型训练参数的数量（Params）和浮点运算的数量（FLOPs）被选为复杂性评估指标，而模型训练时间被用作效率评估指标。对试验管道数据集进行分析，其分析结果见表 5-7。

表 5-7　模型复杂性分析结果

模型	模型训练参数的数量 /10^3	浮点运算的数量 /10^7	训练时间 /s
Transformer&SwinI	36.170	13.43	1051
Transformer	36.186	13.44	1073
Conformer	37.042	13.91	1043
注意力增强 LSTM	21.475	41.73	1444

由表 5-7 分析结果可知，与单个 Transformer 网络相比，结合 SwinI 的 Transformer 网络在模型的 Params 和 FLOPs 数量上几乎没有差异，但训练时间比传统 Transformer 短 2%。与 Conformer 模型相比，Transformer 网络结合 SwinI 将 Params 数量减少了 2.4%，FLOPs 减少了 3.5%，但训练时间仅略微增加了 0.8%。与注意力增强 LSTM 模型相比，虽然后者的参数数量在四种模型中最少，但其 FLOPs 远高于其他模型，达到 41.73×10^7，训练时间也最长，为 1444s。分析结果表明，在保证最小 FNR 的同时，结合 SwinI 的 Transformer 网络不仅保持了较低的模型复杂度，而且表现出较高的训练效率。

5.3.2 泄漏定位结果与分析

2023年2月,在上海市青草沙水源地原水工程严桥支线部分管段上进行了开阀模拟泄漏试验,共采集到7组泄漏数据。其中当阀门开度为30°(泄漏面积约为0.0098m²)时,泄漏面积太小,模拟泄漏产生的负压波信号(见图5-17)已不能较好地反应泄漏特征,本书所介绍定位方法已经不再适用,因此下面主要针对阀门开度大于30°以上的泄漏面积进行分析。

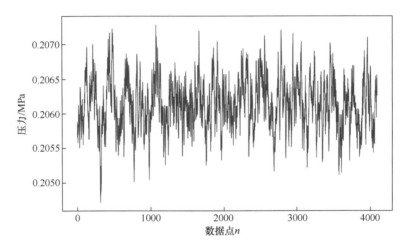

图5-17　阀门开度为30°模拟泄漏产生的负压波信号

以阀门开度为60°为例,泄漏定位结果如图5-18所示,其中从上到下分别为下游信号、上游信号、融合信号和互相关系数。从图5-18中可以看出,在真实的管道压力信号中,无泄漏引起的压力波动与泄漏引起的压力波动相似,很容易导致误检测。本书所介绍的方法可以消除实际管道中压力波动的干扰,正确定位负压波的拐点,对提高泄漏点的定位精度具有很强的现实意义。

本次泄漏模拟试验,负压波波速采用现场标定的方式进行确定,其标定值为1169.33m/s,并将相关资料中基于VMD的定位方法与本书介绍的信号差分法(signal differential method,SDM)进行了比较。采用传统的小波阈值去噪(wavelet threshold denoising,WTD)及其改进方法。定位结果见表5-8。在分析绝对误差(absolute error,AE)时,我们使用正值和负值来表示相对于真实泄漏点的偏差,其中正值表示计算值位于真实泄漏点上游,负值则相反。

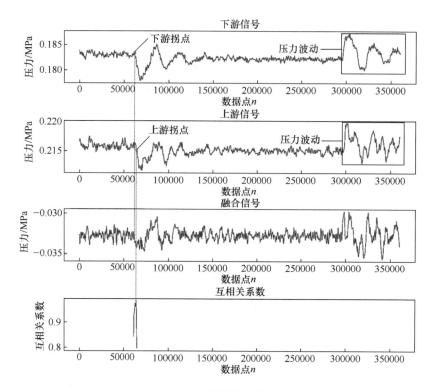

图 5-18 泄漏定位结果

表 5-8 定位结果

试验	阀门开度/(°)	基于 VMD 的方法		WTD&SDM		改进的 WTD&SDM	
		相对定位误差（%）	绝对定位误差/m	相对定位误差（%）	绝对定位误差/m	相对定位误差（%）	绝对定位误差/m
1	45	5.29	−312	2.39	−141	1.78	−105
2	45	7.80	−460	0.74	−44	0.42	+25
3	60	4.31	+254	0.83	+49	0.78	+46
4	60	5.97	−352	2.25	+133	3.14	−185
5	90	5.95	+351	6.06	+357	2.32	+137
6	22.5	10.54	−621	失败			

分析表 5-8 结果可知，基于 VMD 的方法相关的定位误差很大，相对定位误差（RE）从最小 4.26% 到最大 7.80% 不等。相反，SDM 方法受益于其与去噪过程的独立性和其中的改进，显示出逐渐减少的定位误差。在分析的五个泄漏区域中，SDM 方法的相对定位误差范围从最大 3.14% 到最小 0.42%，最小绝对定位误差（AE）仅为 25m。

表 5-8 中的结果证实了 SDM 方法在通过改进去噪技术实现出色定位性能方面的潜力。自适应小波阈值去噪方法通过使用更精确的阈值调整和小波系数处理，显著降低了信号中的噪声干扰。这主要涉及对小波系数应用软阈值，动态调整阈值以适应信号的特定特征，从而在保留基本信号特征的同时更有效地消除噪声。去噪过程的持续优化使 SDM 方法能够实现更高的定位精度，这已被试验结果证实。

试验结果还表明，当信号中的压力波动太小时（例如，当阀门开度为 22.5°时），所提出的定位方法不能有效地检测泄漏。然而，对于由泄漏引起的压降显著的信号（例如，阀门开口大于 45° 的模拟泄漏），该方法表现出很强的适应性和鲁棒性，即使在不同的泄漏规模条件下也能准确定位泄漏点。

5.4 本章小结

为了将理论研究应用到真实的输水管道泄漏检测与定位中，本章利用上海市青草沙水源地原水工程严桥支线部分管段及井室构建泄漏模拟对象，搭建原水管道泄漏检测系统，实现了对压力数据的实时自动采集和无线传输，以及实时分析，从而实现了原水管道泄漏检测和泄漏点定位。

参 考 文 献

[1] 赵雅卉. 亚洲国家水资源管理对中国的启示 [J]. 湖南农业科学, 2021(3): 111-113, 118.

[2] 阿不都克里木. 中国水资源开发利用现状及改善措施 [J]. 能源与节能, 2022(3): 174-176.

[3] 王洪娜, 廖敏杰, 王文仲. 城市供水与给水研究 [J]. 科技风, 2022(26): 62-64.

[4] 陈曦, 王建伟, 季建. 成都市城市发展与水资源利用关系分析 [J]. 水资源开发与管理, 2022, 8(9): 22-27.

[5] 高琳, 曹建国. 管道泄漏检测方法研究综述 [J]. 现代制造工程, 2022(2): 154-162.

[6] 王浩杰. 基于声信号的供水管道泄漏检测与定位方法研究 [D]. 合肥: 安徽建筑大学, 2022.

[7] 中国城镇供水排水协会. 中国城镇水务行业年度发展报告 (2021)[M]. 北京: 中国建筑工业出版社, 2022.

[8] 韩阳. 既有供水管网系统泄漏识别方法研究 [D]. 大连: 大连理工大学, 2018.

[9] 刘伯相. 基于变分模态分解的供水管道泄漏检测定位方法研究 [D]. 成都: 西华大学, 2022.

[10] ZAMAN D, TIWARI M K, GUPTA A K, et al. A review of leakage detection strategies for pressurised pipeline in steady-state[J]. Engineering Failure Analysis, 2020, 109: 104264.

[11] ABDULSHAHEED A, MUSTAPHA F, GHAVAMIAN A. A pressure-based method for monitoring leaks in a pipe distribution system: A Review[J]. Renewable and Sustainable Energy Reviews, 2017, 69: 902-911.

[12] 刘恩斌, 李长俊, 彭善碧. 应用负压波法检测输油管道的泄漏事故 [J]. 哈尔滨工业大学学报, 2009, 41(11): 285-287.

[13] 刘涛, 刘安新, 彭善碧, 等. 应用小波变换提取输油管道泄漏突变信号 [J]. 西南石油大学学报 (自然科学版), 2008(4): 170-172, 1.

[14] LI J, CHEN Y, QIAN Z, et al. Research on VMD based adaptive denoising method applied to water supply pipeline leakage location[J]. Measurement, 2020, 151: 107153.

[15] LIU B, JIANG Z, NIE W, et al. Research on leak location method of water supply pipeline based on negative pressure wave technology and VMD algorithm[J]. Measurement, 2021, 186: 110235.

[16] 马慧敏. 供水管网泄漏瞬变流检测技术及实验系统研发 [D]. 北京: 中国水利水电科学研究院, 2019.

[17] SEKHAVATI J, HASHEMABADI S H, SOROUSH M. Computational methods for pipeline leakage detection and localization: A review and comparative study[J]. Journal of Loss

Prevention In The Process Industries, 2022, 77: 104771.

[18] LIANG W, ZHANG L, XU Q, et al. Gas pipeline leakage detection based on acoustic technology[J]. Eng. Fail. Anal., 2013, 31: 1-7.

[19] 周苗. 埋地燃气管道在土壤中的小孔泄漏 [C]// 中国城市燃气协会安全管理工作委员会. 2022 年第五届燃气安全交流研讨会论文集：上册. 北京：中国城市燃气协会, 2023.

[20] 陈涛, 刘瑶, 高小雨, 等. 基于二次拟合的埋地燃气管道氪示踪剂漏点检测方法 [J]. 当代化工研究, 2022, 14: 39-41.

[21] SOGA K, LUO L Q. Distributed fiber optics sensors for civil engineering infrastructure sensing[J]. Journal of Structural Integrity and Maintenance, 2018, 3(1): 1-21.

[22] YOU R Z, REN L, SONG G B. A novel fiber bragg grating (FBG) soil strain sensor[J]. Measurement, 2019, 139: 85-91.

[23] BREMER K, WEIGAND F, ZHENG Y, et al. Structural health monitoring using textile reinforcement structures with integrated optical fiber sensors[J]. Sensors, 2017, 17(2): 345.

[24] REN L, JIANG T, JIA Z G, et al. Pipeline corrosion and leakage monitoring based on the distributed optical fiber sensing technology[J]. Measurement, 2018, 122: 57-65.

[25] JIA Z G, REN L, LI H N, et al. Pipeline leak localization based on FBG hoop strain sensors combined with BP neural network[J]. Applied Sciences-Basel, 2018, 8(2): 8020146.

[26] MIRATS TUR J M, GARTHWAITE W, Robotic devices for water main in-pipe inspection: a survey[J]. Journal of Field Robotics, 2010, 27(4): 491-508.

[27] CHATZIGEORGIOU D, YOUCEF-TOUMI K, BEN-MANSOUR R. Design of a novel in-pipe reliable leak detector[J]. IEEE/ASME Trans. Mechatron, 2015, 20: 824-833.

[28] HYUN S Y, JO Y S, OH H C, et al. The laboratory scaled-down model of a ground-penetrating radar for leak detection of water pipes[J]. Measurement Science & Technology, 2007, 18(9): 2791-2799.

[29] 郭新蕾, 郑飞飞, 马朝猛, 等. 输水管道泄漏的探地雷达检测原理和现象机理分析 [J]. 水利学报, 2021, 52(7): 781-792.

[30] 孙永佳. 中低压城市燃气管道泄漏速率计算方法及示踪剂泄漏定位技术 [D]. 北京：中国石油大学, 2022.

[31] 刘瑶, 荣广新, 左熠, 等. 基于氦气示踪剂的埋地燃气管道泄漏扩散研究 [J]. 煤气与热力, 2023, 43(1): 17-21, 25.

[32] 秦程. 基于负压波与流量平衡法的管道泄漏监测系统研究 [D]. 大连：大连理工大学, 2021.

[33] 马燕. 实时瞬态模型法在长输天然气管道泄漏检测中的应用 [J]. 中国石油和化工标准与质

量, 2023, 43(21): 46-48.

[34] 王旭. 基于模型法的输油管道泄漏检测与定位方法研究 [D]. 北京：中国石油大学, 2017.

[35] ADEGBOYE M A, FUNG, W K, et al. Recent advances in pipeline monitoring and oil leakage detection technologies: principles and approaches[J]. Sensors, 2019, 19: 2548.

[36] RAI A, KIM J M. A novel pipeline leak detection approach independent of prior failure information[J]. Meas. J. Int. Meas., 2021, 167: 108284.

[37] HU X, HAN Y, YU B, et al. Novel leakage detection and water loss management of urban water supply network using multiscale neural networks[J]. J. Clean. Prod., 2021, 278: 123611.

[38] ZHANG X. Statistical leak detection in gas and liquid pipelines[J]. Pipes Pipelines Int, 1993, 38: 26-29.

[39] ZHANG J. Designing a cost-effective and reliable pipeline leak-detection system[J]. Pipes Pipelines Int, 1997, 42: 20-26.

[40] 童国炜, 徐华伟, 黄林轶, 等. 基于声发射定位算法的故障检测技术研究 [J]. 振动、测试与诊断, 2022, 42(5): 997-1001, 1039.

[41] 黎晨. 基于声发射信号的管道泄漏检测及定位方法研究 [D]. 西安：西安理工大学, 2021.

[42] 赵亚丽, 刘欣, 路泽永. 管道泄漏检测与定位技术研究概述 [J]. 机电信息, 2022(1): 86-88.

[43] YUAN F, ZENG Y, LUO R, et al. Numerical and experimental study on the generation and propagation of negative wave in high-pressure gas pipeline leakage[J]. Journal of Loss Prevention in the Process Industries, 2020, 65: 104129.

[44] OUYANG X, YAO S, WAN Q. A coherent integrated TDOA estimation method for target and reference signals [J]. Electronics, 2022, 11(16): 2632.

[45] CHEN Q, SHEN G, JIANG J, et al. Effect of rubber washers on leak location for assembled pressurized liquid pipeline based on negative pressure wave method[J]. Process Safety and Environmental Protection, 2018, 119: 181-190.

[46] 李帅永, 夏传强, 程振华, 等. 基于 VMD 和互谱分析的供水管道泄漏定位方法 [J]. 仪器仪表学报, 2019, 40(7): 195-205.

[47] 郎宪明. 基于特征提取与信息融合的管道泄漏检测与定位研究 [D]. 西安：西北工业大学, 2018.

[48] 刘杰. 基于深度神经网络的供水管道泄漏检测方法研究 [D]. 常州：常州大学, 2022.

[49] 段运达. 基于小波与深度神经网络的管道泄漏检测研究 [D]. 大庆：东北石油大学, 2020.

[50] 王海舰. 基于一维卷积神经网络的供水管道泄漏检测算法的研究 [D]. 呼和浩特：内蒙古大学, 2019.

[51] KAFLE M D, FONG S, NARASIMHAN S. Active acoustic leak detection and localization in a plastic pipe using time delay estimation[J]. Applied Acoustics, 2022, 187: 108482.

[52] LI J, ZHENG Q, QIAN Z H, et al. A novel location algorithm for pipeline leakage based on the attenuation of negative pressure wave[J]. Process Safety and Environmental Protection, 2019, 123: 309-316.

[53] 谭建勇. 供水管道泄漏检测与定位系统的设计与实现 [D]. 南京：南京邮电大学, 2018.

[54] LAY-EKUAKILLE A, GRIFFO G, VISCONTI P, et al. Leak detection in waterworks: comparison between STFT and FFT with an overcoming of limitations [J]. Metrology and Measurement Systems, 2017, 24(4): 631-44.

[55] HAN X, CAO W, CUI X, et al. Plastic pipeline leak localization based on wavelet packet decomposition and higher order cumulants [J]. IEEE Transactions on Instrumentation and Measurement, 2022, 71: 1-11.

[56] LEI Y G, LIN J, HE Z J, et al. A review on empirical mode decomposition in fault diagnosis of rotating machinery[J]. Mechanical Systems and Signal Processing, 2013, 35(1-2): 108-126.

[57] MENG Q, LANG X, LIN M, et al. Leak localization of gas pipeline based on the combination of EEMD and cross-spectrum analysis[J]. IEEE Transactions on Instrumentation and Measurement, 2022, 71: 1-9.

[58] FAN X, ZHANG Y, KREHBIEL P R, et al. Application of ensemble empirical mode decomposition in low-Frequency lightning electric field signal analysis and lightning location[J]. IEEE Transactions on Geoscience and Remote Sensing, 2021, 59(1): 86-100.

[59] XIONG T, BAO Y, HU Z. Does restraining end effect matter in EMD-based modeling framework for time series prediction? Some experimental evidences[J]. Neurocomputing, 2014, 123: 174-184.

[60] LU W, LIANG W, ZHANG L, et al. A novel noise reduction method applied in negative pressure wave for pipeline leakage localization [J]. Process Safety and Environmental Protection, 2016, 104: 142-149.

[61] LANG X, LI P, HU Z, et al. Leak detection and location of pipelines based on LMD and least squares twin support vector machine[J]. IEEE Access, 2017, 5: 8659-8668.

[62] DRAGOMIRETSKIY K, ZOSSO D. Variational mode decomposition[J]. IEEE Transactions on Signal Processing, 2014, 62(3): 531-544.

[63] DIAO X, JIANG J, SHEN G, et al. An improved variational mode decomposition method based on particle swarm optimization for leak detection of liquid pipelines[J]. Mechanical

Systems and Signal Processing, 2020, 143: 106787.

[64] LI S, XIA C, CHENG Z, et al. Leak location based on PDS-VMD of leakage-induced vibration signal under low SNR in water-supply pipelines[J]. IEEE Access, 2020, 8: 68091-68102.

[65] LIU B, JIANG Z, NIE W, et al. Application of VMD in pipeline leak detection based on negative pressure wave [J]. Journal of Sensors, 2021, 2021: 8699362.

[66] LI F, LI R, TIAN L, et al. Data-driven time-frequency analysis method based on variational mode decomposition and its application to gear fault diagnosis in variable working conditions[J]. Mechanical Systems and Signal Processing, 2019, 116: 462-479.

[67] 俞艺涵, 付钰, 吴晓平. 基于Shannon信息熵与BP神经网络的隐私数据度量与分级模型[J]. 通信学报, 2018, 39(12): 10-17.

[68] 李禾澍, 王栋, 王远坤. 基于信息熵的水文站网优化准则的应用与评价 [J]. 水科学进展, 2020, 31(2): 224-231.

[69] 齐振, 程广涛, 张友奎, 等. 基于信息熵的水声目标识别模型评估方法 [J]. 舰船科学技术, 2021, 43(11): 134-137.

[70] 范国良, 李爱平, 刘雪梅, 等. 基于信息熵与Lempel-Ziv的拧紧设备性能评估方法 [J]. 振动、测试与诊断, 2019, 39(1): 88-94.

[71] LI H, LIU T, WU X, et al. An optimized VMD method and its applications in bearing fault diagnosis[J]. Measurement, 2020, 166: 108185.

[72] 陈世群, 高伟, 陈孝琪, 等. 一种基于极限学习机和皮尔逊相关系数的光伏阵列故障快速诊断方法 [J]. 电气技术, 2021, 22(10): 57-64.

[73] 张博文, 闫龙, 陆凌辉, 等. 光伏电站汇集系统单极接地故障的皮尔逊相关系数识别方法 [J]. 电力系统及其自动化学报, 2022, 34(2): 116-121.

[74] 纪德洋, 金锋, 冬雷, 等. 基于皮尔逊相关系数的光伏电站数据修复[J]. 中国电机工程学报, 2022, 42(4): 1514-1523.

[75] 刘东瀛, 邓艾东, 刘振元, 等. 基于EMD与相关系数原理的故障声发射信号降噪研究 [J]. 振动与冲击, 2017, 36(19): 71-77.

[76] 郭晨城, 文玉梅, 李平, 等. 采用EMD的管道泄漏声信号增强[J]. 仪器仪表学报, 2015, 36(6): 1397-1405.

[77] WANG J J, REN L, JIANG T, et al. A novel gas pipeline burst detection and localization method based on the FBG caliber-based sensor array[J]. Measurement, 2020, 151: 107226.

[78] HU B, BI L, DAI S. Information distances versus entropy metric[J]. Entropy, 2017, 19(6): 19060260.

[79] CHEN W T, WANG Z Z, XIE H B, et al. Characterization of surface EMG signal based on fuzzy entropy[J]. IEEE Transactions on Neural Systems and Rehabilitation Engineering, 2007, 15(2): 266-272.

[80] MARKECHOVÁ D, RIEČAN B. Entropy of fuzzy partitions and entropy of fuzzy dynamical systems[J]. Entropy, 2016, 18(1): 18010019.

[81] KATOCH S, CHAUHAN S S, KUMAR V. A review on genetic algorithm: past, present, and future[J]. Multimed Tools Appl, 2021, 80(5): 8091-8126.

[82] HU D T, WANG J, ZHI H, et al. Experimental test of pressure variation and leakage Location in petroleum pipeline leakage process[J]. Journal of Failure Analysis and prevention, 2023, 23(4): 1621-1632.

[83] GUO C, WEN Y, LI P, et al. Adaptive noise cancellation based on EMD in water-supply pipeline leak detection[J]. Measurement, 2016, 79: 188-197.

[84] LIU B X, JIANG Z, NIE W. Negative pressure wave denoising based on VMD and its application in pipeline leak location[J]. Journal of Mechanical Science and Technology, 2021, 35: 5023-5032.

[85] RICHMAN J S, MOORMAN J R. Physiological time-series analysis using approximate entropy and sample entropy[J]. Am J Physiol Heart Circ Physiol, 2000, 278(6): H2039-2049.

[86] XU Y, CHENG S, XUE Y J. DC distribution network protection based on pearson correlation coefficient of fault transient current[J]. Journal of North China Electric Power University (Natural Science Edition), 2021, 48(4): 11-19.

[87] LEI W, WANG G, WAN B Q, et al. High voltage shunt reactor acoustic signal denoising based on the combination of VMD parameters optimized by coati optimization algorithm and wavelet threshold [J]. Measurement, 2024, 224: 113854.

[88] 王醇涛, 陆金铭. 运用HHT边际谱的柴油机故障诊断[J]. 振动、测试与诊断, 2010, 30(4): 465-468.

[89] ZHANG X Y, LUAN Z Q, LIU X L. Fault diagnosis of rolling bearing based on kurtosis criterion VMD and modulo square threshold[J]. The Journal of Engineering, 2019, 2019(23): 8685-8690.

[90] 蒲子玺, 殷红, 张楠, 等. 基于峭度准则VMD及平稳小波的轴承故障诊断[J]. 机械设计与研究, 2017, 33(1): 67-71.

[91] FU J J, CAI F Y, GUO Y H, et al. An improved VMD-based denoising method for time domain load signal combining wavelet with singular spectrum analysis[J]. Mathematical Problems in

Engineering, 2020, 2020: 1485937.

[92] ZHANG Z Y, XU C G, XIE J, et al. MFCC-LSTM framework for leak detection and leak size identification in gas-liquid two-phase flow pipelines based on acoustic emission[J]. Measurement, 2023, 219: 113238.

[93] 张龙, 甄灿壮, 易剑昱, 等. 双通道特征融合 CNN-GRU 齿轮箱故障诊断 [J]. 振动与冲击, 2021, 40(19): 239-245, 294.

[94] 赖添城, 徐康康, 朱成就, 等. 一种基于改进 CNN-GRU 的建筑冷负荷单步预测方法 [J]. 机电工程技术, 2024, 53(1): 119-122.

[95] GIANNI B, FLAVIUS F. A general survey on attention mechanisms in deep learning[J]. IEEE Transactions on Knowledge and Data Engineering, 2021, 35(4): 3279-3298.

[96] 胡昊, 陈军朋, 李擎, 等. 基于 CNN-GRU-ATT 的城市暴雨积水预测研究 [J]. 华北水利水电大学学报 (自然科学版), 2024, 45(4): 27-35.

[97] LI S, SONG Y, ZHOU G. Leak detection of water distribution pipeline subject to failure of socket joint based on acoustic emission and pattern recognition[J]. Measurement, 2018, 115: 39-44.

[98] LIU P, XU C, XIE J, et al. A CNN-based transfer learning method for leakage detection of pipeline under multiple working conditions with AE signals[J]. Process Safety and Environmental Protection, 2023, 170: 1161-1172.